服務業關鍵成功因素

—實踐取向的實證研究

黃鴻程　著

服務業關鍵成功因素

—實踐取向的實證研究

摘　要：

本研究在方法論上，是援用「江浙學派」實學取向的實踐精神為主要之研究精神，以台灣的服務業作為研究對象，研究的主題為「關鍵成功因素」，在第二章的文獻探討中，對既有的 32 篇研究文獻進行了「後設分析」，發現多數的研究多是引用西方的理論架構，其結果與研究者本身的實踐經驗有所不同，尤其在「領導者」這個影響因素上，似乎沒有得到足夠的認同；於是本研究提出了質疑：所引用的理論架構可能已經決定了研究結果？因此，本研究決定採用更貼近實踐取向的方法論來進行。

第三章是本研究的「方法論」，文中介紹了南宋以來「江浙學派」的興革，並採用典籍文本再呈現與西方學術對話的方式。其中引用了東西方、古今之文獻，包括：亞里斯多德的實踐智慧（phronesis）、當代實踐取向的詮釋學、行動科學與行動研究、英國洛克古典經驗主義傳統的行動學習；來論述「江浙學派」實學取向的實踐精神，以及其「本體論與知識論」之立場；並提出以「融會中西、貫穿古今、通經致用」為概念的「實踐的實證主義」方法論。

在「實踐取向」的方法論之下，第四章先採用以「實踐專家」（十年經驗或經理／店長級以上）為主的一連串「主位取向」深度訪談、焦點團體之質性探索研究。最後提出：「領導者」、「市場商機」、「人才團隊」、「行銷策略」、「產品價值」及「顧客滿意」這六個服務業關鍵成功因素，以及「內、外在因素」、「六力因素」兩種理論模型，以及六因素的「簡化模型」。

在「先質性探索、後量化驗證」的研究典範下，第五章是以 353 份實踐專家的有效問卷，進行「結構方程模式」（SEM）之驗證型因素分析及路徑模型檢驗，證實了先前的質性探索之「初始模型」完全可以成立；同時再根據理論的「資料模型」進行「模型優化」，在因素越少越關鍵的考量下，排除了「市場商機」，最後提出：「領導者」、「人才團隊」、「行銷策略」、「產品價值」及「顧客滿意」這五個服務業關鍵成功因素，以及經過驗證的「台灣服務業 KSF 五力模型」。最後，研究者將繼續秉持實踐取向的精神，持續不斷的進行「實踐」與「研究」。

關鍵字：江浙學派、服務業、關鍵成功因素、主位取向、結構方程模式

The Empirical Study of "Key Success Factor" for Taiwan's Service Industry by the Practical approach

Abstract：

The practical approach of "Jiang-Zhe School" is using by this research. The research target is Taiwan's service industry to discover the "Key Success Factors". This thesis is started by the Meta-analysis for 32 secondary papers in chapter II. The result is different from researcher's practical experience. Especially, the factor of "Leader" is not emphasized enough. The enquiry is that: Maybe the result had been decided by the applying theory framework from Western? Therefore, this research decides to do by the different practical approach.

The research methodology and the evolution history of "Jiang-Zhe School" from the Southern-Sueng Dynasty are described in chapter III by using the Classical Narrative Analysis and dialogue with the western academics. The "Phronesis" of Aristotle, the modern practical approach of Hermeneutics, Action Science, Action Research and Action Learning form the Classical Practicalism by Loch's tradition of Britain. And then, enhance the "Practical Empirical Study" of "Understanding the Eastern and Western, Classic and Modern, and all for Practice".

The practical qualitative research is performed in chapter IV by using the deeply interviews and focused groups of "practical experts" who are more than 10 years' experience or upper than the manager level. Finally, the 6 KSFs of “Leader”, “Market Opportunity”, “Talent Team”, “Marketing Strategy”, “Product Value”, “Customer Satisfied”, 2 theory models and the “Simply Model” are enhanced.

Under the research paradigm of “Qualitative Explotary before Quantitative Empiric”, the chapter 5 is performed by SEM of 353 questionnaires to confirm the previous “primary model” from qualitative explotary. Considering the KSFs are as few as important to modify it by the “number model” and cancel the “Market Opportunity”. Finally, the 5 KSFs of “Leader”, “Talent Team”, “Marketing Strategy”, “Product Value”, “Customer Satisfied” are enhanced. And the “5 Factors Model for Taiwan’s Service Industry” is approved.

Keywords：Jiang-Zhe School, Service Industry, KSF, Emic Approach, SEM

目　錄

圖目錄

表目錄

1.緒論：台灣服務業實踐取向的實證研究

1.1 研究背景：三道研究脈絡的交會

1.1.1 台灣服務業之發展

Lovelock（1996）指出：「服務業正處於一個幾乎是革命性的時期，既有的經營方法不斷遭到唾棄；在世界範圍內，富有革新精神的後來者們通過提供全新的服務標準，在那些原有的競爭者無法滿足當今消費者需求的市場上獲得了成功。」在每一個主要的已開發國家，不論政治取向如何，它們的服務業都有顯著驚人的成長（Heskett，1986）；在美國，1983 年服務業的工作人口就已到達72%，約占全部就業人口的四分之三（聯合國統計年報，1981）；在台灣，服務業所占國民生產毛額（GDP）之比例，在 2002 年也已達到 67.1% ，約占三分之二，就業人口達到 57.5%（行政院主計處，2003），約為七分之四，都已經遠遠超過其他產業。所以，在台灣，服務業實在是一個非常值得研究與學習的重要領域。

台灣已經是「服務化的社會」！

就經濟上，所謂的「服務化的社會」至少包含了三個現象（黃晉瑩，2001）：

1.在整個國家所生產的財富中，服務活動所生產出來的財富比例超過一半。

2.在一般勞動者所從事的工作種類裡，與服務有關的工作比例提高。

3.在生產產品的企業裡，與服務有關的工作有增加的情形。

現在在台灣的服務消費，已經到了一種嶄新的型態，譬如說：現在大家都很方便的利用手機聯絡事情、上網查詢，大量減少因為聯絡不上而產生遺憾，而路邊的公共電話幾乎閒置，無形之中，我們都已經接受了更多服務化的生活。連知名的全球半導體代工龍頭的台積電（台灣積體電路公司），也都標榜自己是服務業--「誰能說他不是服務業」（陳文敏，2002）。所以，目前台灣已經是一個服務化的社會，任何與生活有關的行業，幾乎都脫離不了服務業的範疇。

1.1.2 研究者的實踐脈絡

研究者自 1997 年在英國取得人力資源碩士學位，並通過英國 IPD（Institute of Personnel and Development）「人力資源師」認證之後，即以在英國所學由 Professor Megginson 所開展的「自我發展」與「Mentoring」，以及由 Professor Pedler 所開展的「行動學習」為基礎，發展成一套兼顧自我發展與組織發展平衡的「自發取向」教育訓練及組織顧問方法；並與其他夥伴合作在 1998 年成立一家「中天國際管理顧問公司」，展開了一些組織顧問的業務開展及實戰歷程，到了 2004 年我們又與其他夥伴重組另外成立一家公司：麥金森管理顧問群。

從 1998 年至今六年以來，我們先後進行了：台灣歐德系統家俱連鎖事業（1998~迄今）、杏一醫療器材連鎖事業（2000~迄今）、南亞技術學院推廣教育中心（2002~迄今）、惠陽幼教連鎖事業（2002~迄今）、寶貝爹娘養護連鎖機構（2004~迄今）、開路科技股份有限公司（2004~迄今）等六個主要的組織顧問案，及其它各大小之企業接觸。這些歷程除了使研究者真正具備組織顧問介入的實戰經驗及體驗企業管理之挑戰以外，同時也建立了相當充足的企業個案接觸史與資料庫（case bank）基礎，並且完成一些研究著作。

所以研究者本身的學習歷程便是以「實踐」為出發點的，這樣的歷程使得本研究決定以著實的角度出發。

1.1.3 江浙學派之實學取向

研究者向來對於「宋明理學」感到興趣，這是全然有別於西方的學術傳統與學習經驗，尤其在接觸到一些傳統歷史文獻之中，在南宋以後南方興起的三大學派（地域性知識社群）：江浙學派、湖湘學派、嶺南學派，其中由陳亮（永康）、葉適（溫州）等人所創之實學取向的「江浙學派」，強調人欲之各得、義利之雙行、王霸之並用…，這是有別於當時主流思想文化的，雖然在當時遭到朱熹為首的主流學術的大力排擠，但卻留下了豐富的思維辯證之素材，在跨越了數個世紀之後，深深的引發著我的興致，於是思考有無結合雙方優點的可能性，進一步去深入研究探討，並且以此研究取向作為本研究不同於其他研究的特色之一，所以本研究成為：實踐取向的台灣服務業「關鍵成功因素」之實證研究

1.2 研究主題：融會古今中西的研究典範

1.2.1 選題的目的意義：實用取向

不只是尾隨西方學術成果，是從研究者本身與華人社會及服務業市場實際需要的實用角度出發，雖然台灣已經是一個服務化的社會，但是對服務業的研究還是相對顯得少了許多。同時在整個華人社會的經濟成長下，未來勢必也將在持續帶動服務業的發展；所以，有別於西方研究成果，並且具有華人社會特色的服務業發展模式也就成了重要的研究課題，台灣也就成了重要的研究場。

從台灣出發，促進整個華人市場服務業的競爭實力！

在整個華人社會走向服務化的趨勢中，服務業經營的研究，其重要性也日漸增加，近年來許多學者也開始逐漸以「服務」為主題，進行各項相關議題的深入探討，但是尚且不夠深入、數量不多。因

此極有興趣對此課題多方的加以研究，從台灣出發，進而促進全面提升整個華人市場服務業的競爭力。

再建構服務業成功因素，進行實證研究，以建構經營成功指標之量表

本研究預計先進行數個個案研究與個案比較分析，再進行整體服務產業的大樣本量化實證研究，其主要研究目的如下：

1.經由整理相關文獻的方式，找出服務業經營的重要變項及績效的衡量方法。
2.應用後設分析方法萃取出服務業經營之關鍵成功因素。
3.以理論建構的方式，建立具有豐富實踐脈絡的服務業關鍵成功因素之模式。
4.透過實證研究，建構一套服務業經營成功指標之評鑑量表。
5.研究成果發表，帶動服務業研究之開展，並尋求與國際學術對話的機會與開創學術貢獻。
6.整合研究結果，提供服務業經營者及未來有志創業者作為未來開店、展店或訂定企業發展策略與資源分配之應用參考。

1.2.2 預期的研究創新點

服務業關鍵成功因素之「場域知識」創新

目前深入研究服務業的學術單位，以及各個學術期刊所發表的論文數量還稍嫌不足，本研究預計結合國際上的學術研究基礎，以及大陸與台灣的研究基礎，以台灣服務業作為一個研究場，研究發展出有別於西方，在華人社會中，服務業經營成功因素分析之理論建構與實證研究。故本研究以台灣的服務業為研究對象，採用文獻理論探討、後設分析、專家深度訪談、焦點團體與量化驗證的實證研究。最後，建構出一套服務業經營成功指標的評量依據，藉以在

學術界提出學術上的貢獻，並協助企業界作為參考，以便能形成一套完整的服務業經營指標。

江浙學派實學取向之「研究典範」創新

本研究亦將嘗試以江浙學派的實學取向為出發，以「融會中西、貫穿古今、通經致用」發展成實踐取向的研究方法論；從實用角度出發選題，進行中西古今知識的融會，並且利用實證研究來檢驗理論。最後，進行「先知而後行」的具體實踐，從而建立一個創新的「實踐研究」之典範。

這個典範的開展主要是以「江浙學派」實學取向所演化的四個「實」，即是：實用理論、實際需要、實證研究，以及實踐觀點。

1.建構服務業經營之「實用理論」

目前的服務業關鍵成功因素之研究，主要還是以引用西方理論為主，包括了：PZB 服務品質模式、 Porter 的五力分析、價值鏈分析…等。但這些服務業經營的理論往往研發自美國及西方的學術界及實務界。這樣的學問知識在我們華人社會的文化脈絡下，呈現出極大的差異，以至於目前各界雖然高呼理論與實務應該結合，但仍然呈現出學術與實踐分家的窘境，這樣的脫節現象產生了理論上的缺口，尤其在華人社會中的實用理論就更需要從實際的真實顧問個案經驗與需求出發，才能彌補這個缺口。

上海復旦大學研究「中國不成熟市場」的陸雄文教授（2003）提到：「美國哈佛式的管理多是取材自一些 IBM、3M…等大型的典範企業，但在中國，我們所面對的，卻多是問題重重的中小企業」。同時研究「中國企業的演化策略」的項保華教授（2003）更做了一個有趣的比喻：「一個有名的巴黎服裝設計師，設計了一套很好看的衣服，穿在模特兒身上確實很好看，但是穿在一般人身上卻不好看，難道我們可以怪人家身材差嗎，畢竟有模特兒身材的人只是少數。」陸雄文教授則說：「有些在美國行銷專家眼中，認為不可行的行銷策略，卻在中國市場卻變得很管用；有些在美國認為體質不良的企業組織型態，卻在中國活得好好的，畢竟中國尚處於未成熟市場階段！」這也說明了西方理論在中國市場使用時的有限性。

所以在每個服務業個案的情境脈絡因素不同的情況下，必須從實踐的角度出發，藉由在服務業實際個案的深入探究，運用西方學術之知識成果，但要跳脫西方學術之框限，加上嚴謹的研究態度與實踐參與，才能真正彌補服務業經營之「實用理論」之缺口。

2.滿足服務業經營之「實際需要」

Lovelock（1996）就指出現代服務業競爭的環境變化極為劇烈，而1996年的「經濟合作開發組織」（ODEC）發表了「知識經濟報告」指出：知識已成為生產力提升與經濟成長的主要驅動力；隨著資訊通訊科技的快速發展與高度應用，世界各國的產出、就業及投資將明顯轉向知識密集型產業。從此，更宣告了「知識經濟」的時代來臨，而服務業的經營知識亦成了急待發展的重要知識領域之一。

近幾年來的國際化競爭與產業不景氣，同時連帶影響許多服務業者，有些得到成功的發展，但也有許多服務業倒閉或面臨裁減壓力，這也是對服務業經營者的一大考驗，而且成為重要的知識需求市場的缺口。作為管理研究者，自然應該要能夠協助更多企業組織解決問題、克服難關，甚至是在逆境中成長，取得優勢競爭的地位，本研究便是基於彌補這樣的業界「實際需要」之缺口。

3.開展服務業經營之「實證研究」

在學術研究上必須與國際學術交流的平臺接軌對話，因此本研究亦引用了實證研究之方法來驗證本研究所進行的各種理論之探討與推論，藉以增加本研究之嚴謹度，與科學精神的客觀研究態度，並藉以彌補服務業經營知識嚴謹度上的「實證研究」之缺口。

4.提出服務業研究者之「實踐觀點」

荀子曰：「聞不若見，見不若知，知不若行」

（I hear and I forget… I see and I remember… I do and I understand.）。

在西方思想史上，最早揭櫫實踐哲學的起源，是古希臘的「亞里斯多德」所提及的「實踐智慧」（phronesis），用來與純粹科學或純粹技術區隔。他將人類的活動與行為分為兩類（洪漢鼎，2002）：一類是指向活動和行為以外的目的的或本身不完成目的之活動和行為；一類是本身即是目的的或包含完成目的在內的活動和行為。第一種是指活動或行為本身只是追求目的的一種手段或方法，而第二種則是指完成活動本身就是主要目的，這就是所謂的「實踐」，是先基於某種理念，進而想去實現或完成他所認同的這個理念，也就是「先知而後行」的一個過程。

本研究將著重以江浙學派實學取向所發展的實踐研究為主，最後亦將對真實的服務業個案進行實踐與後續研究上的建議，以在服務業真實經營的脈絡中進行「特則取向」的「實踐研究」，用來檢驗本研究所發展出來的理論，以彌補理論發展的「實踐觀點」之缺口。

1.3 研究設計：後現代系列研究之多元方法論

1.3.1 系列研究之設計

本研究係以台灣服務業為研究的目標對象，以西方、大陸、台灣的古今相關學術研究為基礎；並將本研究區分為三個階段來進行，亦可分為三個研究子企劃來進行（如表 1-1），分別來看又可各自成為一篇獨立之研究。

表 1-1　本研究之系列子研究的內容、方法與目的

系列	內容	方式	目的和要求
研究一	關鍵中的關鍵！台灣服務業關鍵成功因素之文獻歸納與後設分析	文獻檢索、文獻資料分析、後設分析、理論推導	進行文獻檢索、後設分析與理論推導
方法論	「江浙學派」實學取向的現代意義	企業實踐研究之知識論與方法論立場	釐清方法論立場及知識方法
研究二	主位取向的質性探索研究：由本土實踐專家所建構的服務業關鍵成功因素	焦點團體、深度訪談、模式建構、文獻對話	透過專家法建構本土模式
研究三	理論模型之實證研究：結構方程模式(SEM)之驗證型因素分析與路徑模型檢驗	訪員調查研究、結構方程模式、驗證型因素分析、路徑模型	根據建構模式設計訪談問卷及進行理論模型檢驗
後續研究	建議進行：實踐研究／台灣服務業經營成功之多重個案行動研究	可用：個案研究法、焦點團體、半開放式深度訪談、個案比較分析、關鍵事件之信度驗證…	可進行：單一個案的深度研究及進行三個多元個案比較分析…

系列研究之設計概念：

本系列研究（如圖 1-1）係在於一開始的中西文獻後設分析（研究一）之後，發現研究取向可能影響研究結果之問題，因此改採用不同的研究取向。故引用「江浙學派」實學取向之方法論，試圖找出不同的研究結果，並以具有豐富實踐經驗專家焦點團體法（研究二），找出不同的成功因素構面（dimensions）與細項（items），並與既有之成功因素進行整合，然後再進行實證研究（研究三），並藉此取得成果，以供後續研究之實踐檢驗之應用。

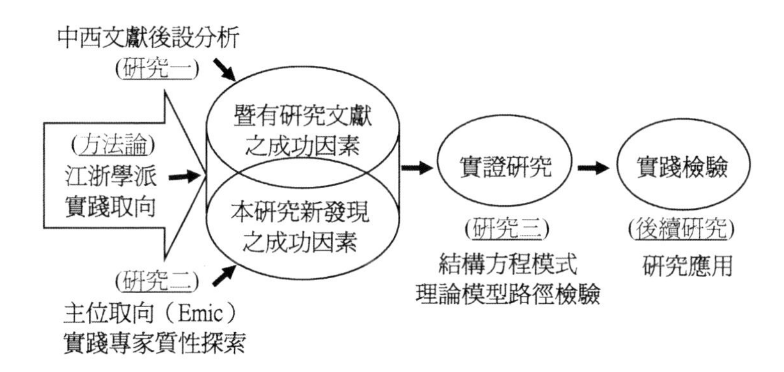

圖 1-1　本研究之系列研究之概念關係

表 1-2　本研究之整體研究範圍

範圍內容／界定構面	研究範圍	
實證範圍	台灣的服務業	
探討重點	實踐取向的台灣服務業關鍵成功因素	
研究類型	文獻探討、質性探索、實踐取向理論建構、實證研究	
研究工具	文獻檢索、後設分析、焦點團體、深度訪談、理論模型專家建構、問卷調查、結構方程模式、驗證型因素分析、路徑模型檢驗…	
理論基礎	服務營銷理論 經營成功因素 關鍵因素分析	江浙學派 實踐研究 孫子兵法
可能因素構面	領導 天時 地利 將才 制度	產品價值 市場顧客 財務支撐 團隊成員 其他

1.3.2 多元研究方法之應用

在文獻探討之後，首先進行的研究是企業實踐研究的方法論，以說明本研究對於追求知識的本體論、認識論及方法論的立場，並於後續研究中分別使用各種不同的研究工具，例如：文獻檢索、理論推導、焦點團體、模式建構、調查研究、驗證型因素分析、結構方程模式...。在進行了各種研究方法與統計方法的使用之後，方可完整建構服務業經營經營成功之評量依據，然後進行實踐的後續建議。本研究的研究範圍如表 1-2。

1.4 預期的研究限制與困難

本研究在整個過程中，將以最嚴謹的研究態度來進行，雖然如此，但也不免受限於諸多實際現況的因素，成了學術研究上的限制：

加強文獻對話減少因以台灣為研究區域的外推性受到限制

整個華人社會雖有別於西方社會，但由於各個區域之間的差異仍然相當大，以台灣地區作為一個研究範圍，有其區域內同質性的預設考量，在加上研究進行的方便性與可能性。但也因此本研究所做出來的研究成果，主要可推論的範圍亦是在本研究區域，其他華人區域的對外推論適用性將受到一定的限制；所以必須加強與文獻對話以減少外推性的局限。

服務產業內不同行業別的差異很大，不易歸納共同的成功因素

由於服務業的產業涵蓋範圍很大，根據《天下雜誌》(2003)依照「總營業收入」大小，統計出國內 500 大服務業中，共分為 25 個行業別：資訊／通訊／IC 通路、百貨批發零售、工程承攬、貿易、資訊設備銷售與服務、建設、汽車銷售／修理、倉儲運輸、水電燃氣、廣告.公關及設計、海運及船務代理、醫療及社會服務、媒體娛樂、投資控股、觀光餐飲、空運、出版／印刷／書店、軟體、電信、機械及設備租賃、陸上客運、保全、郵政、房屋仲介、其他服務業。因此產業內不同行業別的差異性亦很大，所以要歸納出共同的成功因素確有其困難及限制。

文獻探討出發容易受限於文獻的框限，減少創新發現的可能

本研究是從文獻理論探討出發，但由於不同文獻研究的時空背景條件不同，但在進行歸納分析時無法考慮此一因素，因此推論出來的研究假設亦有其局限性，而且容易受限於過往文獻的框限，而大幅減少了創新發現的可能性。所以本研究在後續加上數個個案研究及個案比較分析，來彌補這個可能的研究限制。

使用中國古代文獻以跳出西方框限，但在國際學術對話上溝通受限

本研究引用孫子兵法、江浙學派學說…，這有助於跳脫西方研究架構的框限，但在世界學術溝通時的語言將受到限制，例如「道、天、地、將、法」或「通經致用」…等的名詞，便不易為西方學者所理解和接受的，但這個缺點至少必須換來在大中華文化圈下的學者之認同才有意義。

實踐專家焦點團體的代表性與外推性不足，但與文獻理論互相彌補

本研究接著進行的實踐專家之焦點團體之探討研究，其所得的研究結果資料外推性原本就不足，但可以避免受到既有學術文獻的框限，並以文獻理論探討的資料來加以輔助、對話與揉合，再於後續進行量化研究來進行驗證，務必盡可能做到其客觀的科學性。

問卷調查的回收率若太低，可能影響實證研究之信效度

台灣目前各類學術或實務性的研究問卷調查太多，加上詐騙集團常以問卷方式來欺騙人，以致影響到目前各項研究的問卷填答意願低落、問卷回收率低，若問卷回收的量不足的話，恐怕影響信效度之考驗，本研究預計針對服務業經理級（或店長級）以上之資深從業人員進行 300 份以上的問卷調查。

後續研究建議的企業實踐，可能會與學術研究成果有出入

由於實證研究的本質，是盡可能建立在可控的「封閉系統」下進行的，但實際的實踐場域中，企業與環境之間是高度交互影響的動態歷程，而且是在一個「開放系統」下運作的。所以本研究最後之企業實踐的研究建議，雖然在實務上檢驗理論具有高度的價值，但同時也是在考驗學術研究成果的重要指標，會由於實踐情境的不同，可能會與學術研究成果尚有出入，也是可預見的。

2.文獻：台灣服務業 KSF 之文獻歸納與後設分析

2.1 導論：台灣服務業「關鍵中的關鍵」成功因素

如果將任何一門學科的學術研究，視為是在全世界範圍之內所有學者的集體創作的話，由於古今中外的學術貢獻者實在難以數計，所做過的研究及成果更是難以估算；作為一個新進入的研究者，就必須從文獻的探討開始著手，才能理解哪些是前人做過的研究，哪些是需要繼續研究發展的，並且不斷透過論文的發表與閱讀別人的論文來不斷進行「學術對話」。

在足夠的相關期刊、書籍、論文、資料庫...等搜集及閱讀之後，方才著手本研究的開展，如此方可確保本研究是在一個整體的學術脈絡之下，先搜集足夠的「次級資料」，再進行「初級資料」的研究與發展，並將本研究成果發表，使本研究也能成為學術上的貢獻。

2.1.1 研究背景：近十年兩岸服務業之學術研究趨勢

首先搜尋近十年（1994-2003）來在「中國期刊網」上所登錄與服務業有關之論文總數為 909 篇（如表 2-1、圖 2-1），在近千萬篇論文中所占之比例確實微乎其微，而台灣在服務業研究方面的投入比較多。在台灣「碩博士論文資訊網」近十年（1994-2003）來上所登錄與服務業有關之論文總數共有 4721 篇（如表 2-2、圖 2-2），尤其在 2000 年左右，論文數有明顯的增加，但在整體學術研究領域當中亦尚屬少數，真是值得繼續加入研究的新領域。

表 2-1　《中國期刊網》近十年有關服務業之論文數

年份	1994	1995	1996	1997	1998	1999	2000	2001	2002	2003
服務業論文	51	35	62	49	53	76	102	119	173	179
論文總數	602366	651006	683746	738481	787427	920225	1025449	1063648	1197769	1256073

資料來源：本研究整理自《中國期刊網》, 2004。

表 2-2　台灣《博碩士論文資訊網》近十年有關服務業之論文數

年份	1994	1995	1996	1997	1998	1999	2000	2001	2002	2003
服務業論文	89	79	109	101	369	479	838	1068	1419	170*

資料來源：本研究整理自台灣《博碩士論文資訊網》, 2004。*說明：2003 未登錄完。

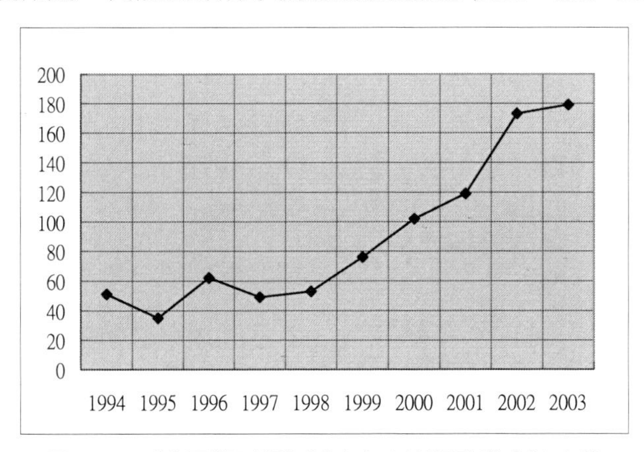

圖 2-1　《中國期刊網》近十年有關服務業之論文數

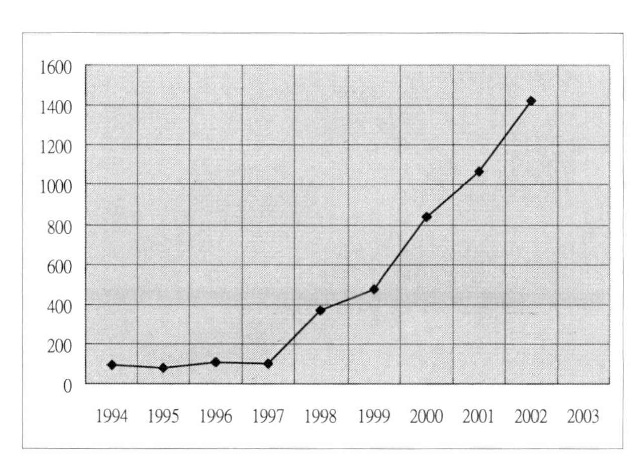

圖 2-2　台灣《博碩士論文資訊網》近十年有關服務業之論文數

2.1.2 研究主題與目的：找出台灣服務業的關鍵成功因素

在台灣《博碩士論文資訊網》近十年有關服務業之 4721 篇論文中，探討有關服務業成功因素（KSF）的論文共有 723 篇，在服務業研究中算是相當熱門的研究議題，但由於服務業涵蓋的範圍相當廣，產業間的差異也相當大，大多是作咖啡連鎖業、幼教連鎖業、書局、旅遊、餐飲、資訊服務...等個別服務業的關鍵成功因素之研究探討；因此，本研究將一一搜集並探討過去文獻所完成的研究資料，再展開本研究的進行。

本研究主題為：關鍵中的關鍵--台灣服務業關鍵成功因素之相關文獻綜合分析，其目的就在於找出跨越各個服務產業細分的服務業之共同的關鍵成功因素，如此方可建構更具代表性的「台灣服務業關鍵成功因素」；並依此資料進行後設分析，藉此發掘更多具有意義的研究發現以及研究上可能產生的誤差。

2.2 文獻：「服務業」與「關鍵成功因素」之探討

2.2.1 服務業的特性及與製造業之不同

服務業先是受到冷落！

早年 Adam Smith（1776）曾經提出對服務業的看法，認為服務業本身對經濟發展來說並不重要。因此一直以來，服務業就普遍的遭到經濟學家的冷落，甚至被當作只是經濟活動的一種剩餘價值而已。一直到了 1973 年所發生的全球石油危機，以及 1980 年代先進國家所面臨的產業轉型之後，服務業大量的吸納了傳統製造業轉型後所釋放出來的就業人口；此時，服務業對整體經濟的貢獻才逐漸地開始受到重視。

在經濟發展過程中，有關服務業之分析研究始於十九世紀。但由於服務業無論在定義、衡量指標及理論研究方面，還有許多爭議之處，或因統計資料不完整等因素，造成在經濟研究之領域中，服務業多被視為非生產性之產業，其重要性亦被忽略（汪有達等人，1995）。

服務業的特性

對「服務業」（Service Industry）一詞，大家都已經習以為常，但內容如何，真正瞭解的人卻不太多（宇井義行，2002）。而所謂的服務業，也就是「提供服務的行業」，所以當然必須以顧客為重心；以一句簡單的話來說，就是「盡心盡力服務顧客」。而服務業在經濟領域呈現的明顯特徵就是「多樣性」，涵蓋範圍非常廣泛，有時甚至難以界定，常見的服務業包括有客運、航空、銀行、保險、電信、餐飲、美容美髮、零售連鎖店、教育事業....等，都可說是服務業。

服務業與製造業不同

台灣學者吳思華（1989）說明「服務業」和「製造業」之主要不同點有二，一是產品「不可見」，二是服務的傳遞常需和服務的提供者結合在一起，不能事先生產儲存，品質亦較不易控制。但是好的經營手法卻能讓服務的「不可見」為「可見」，讓「不可分割」為「可分割」。

如果說「有形的商品」是一件實體物品的話，那麼「無形的服務」就是一種「接觸歷程」或行為投入的過程。要使「無形的服務有形化」，就必須使得服務的內涵，盡可能地透過附加於某些實體上來呈現，而所使用的有形實體部份，必須是顧客非常重視的服務環節，尤其是顧客所尋求的關鍵需求部份，這是服務業將產品操作化、有形化、具體化的一種重要策略。

「製造業」與「服務業」最主要的差別，在於製造業是以「產品」為中心，而服務業則是以「人」為中心，也就是「產品」（Product）與「服務」的區別；但是許多的製造業也會融入服務顧客的觀念，同時許多服務業也包含了製造的部分，所以服務業與製造業，有時候實在很難明確界定區分的。

只是相較於製造業的觀念，服務業的特色，主要在於「無形性」。雖然服務時常包括有形的要素，但服務工作本身基本上是無形的，服務是受時間限制的，是以經驗出發的，儘管一些服務的結果可能會在很長一段時間內發生作用。故需將「有形的商品無形化，無形的商品有形化。」Shostack（1997）將產品與服務，由有形的到無形的，排列成有如光譜表一般（如圖 2-3）。

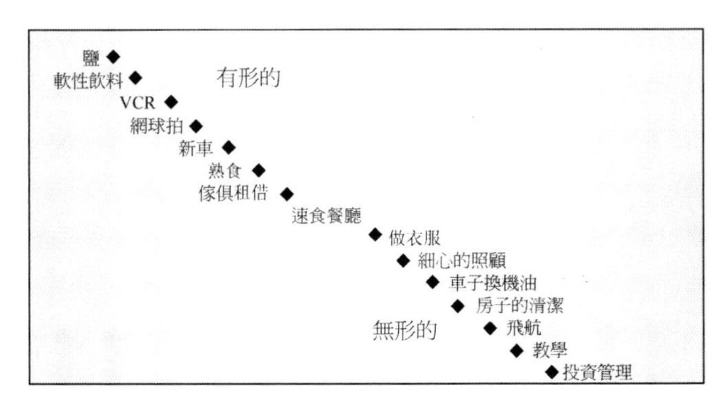

資料來源：Lovelock,C.H.（1999）原著，陸雄文、莊莉譯“Services Marketing”

圖 2-3　產品和服務的有形 VS.無形位置

由於服務業是集合大筆資金建設好環境，而由於使用時間的切割不同，使得每一個人只要付出小小的費用，就可以分享使用龐大豪華的資產設備。顧客在服務過程中的有形參與程度越高，服務人員、設備和場地就越可能成為服務經歷的一個重要的組成部分；人的因素占比較高的比例的服務業務比那些主要以設備為基礎的服務業務更難以管理，在現代服務性組織裡，行銷、生產和人力資源這三種管理職能發揮著中心和相互關聯的作用（Lovelock，1996）。

2.2.2 服務業的行業細分

由於服務業的涵蓋範圍很廣，不易統整理解，不同的行業別之間差異很大，所以必須將其行業別列出；在國內，根據天下雜誌（2003）依照「總營業收入」大小，統計出台灣 500 大服務業，其中依進榜家數的類別統計，共分為下列 25 個行業別（如表 2-3），正說明了服務業多樣性之特性。

若依照台灣目前現行的「行業標準分類」（第七次修訂，2001 年 1 月）共分為十六大類（代碼從 A～P），所有的產業可以分成下列三級：

1.初級產業（Primary industries）又稱一級產業，是以原始天然資源為基礎的產業，包括：

第 A 大類—農、林、漁、牧業

第 B 大類—礦業及土石採取業

2.次級產業（Secondary industries）又稱二級產業，以工業為主，包括：

第 C 大類—製造業(08-16 中類，17-21 中類，22-25 中類，26-31 中類)

第 D 大類—水電燃氣業

第 E 大類—營造業

3.三級產業（Tertiary industries）又稱為廣義的服務業，凡不屬於一、二級之其他產業均屬之，包括：

第 F 大類—批發及零售業

第 G 大類—住宿及餐飲業

第 H 大類—運輸、倉儲及通信業

第 I 大類—金融及保險業

第 J 大類—不動產及租賃業

第 K 大類—專業、科學及技術服務業

第 L 大類—教育服務業

第 M 大類—醫療保健及社會福利服務業

第 N 大類—文化、運動及休閒服務業

第 O 大類—其他服務業

第 P 大類—公共行政業

表 2-3　服務業行業別營運狀況

業別	進榜家數	排名	總營業收入（台幣億元）	排名	平均營收（台幣億元）	排名	營收成長率%	排名	平均純益（台幣億元）	排名	獲利率（%）	排名
資訊、通訊、IC 通路	66	1	4035.38	4	61.14	10	17.79	5	2.02	11	2.74	13
百貨批發零售	55	2	4445.97	2	80.84	8	5.24	10	0.76	18	0.98	18
工程承攬	54	3	2277.5	7	42.18	14	2.92	13	1.11	16	2.25	16
貿易	52	4	1767.02	8	33.87	15	-9.74	18	0.41	19	0.34	20
資訊設備銷售與服務	47	5	4680.11	1	99.58	6	4.30	12	2.87	9	2.40	15
建設	34	6	817.67	13	24.05	18	-7.65	17	-3.64	22	-4.62	22
汽車銷售、修理	23	7	2412.31	6	104.88	5	-12.04	19	3.25	8	1.65	17
倉儲運輸	20	8	1026.35	11	51.32	12	66.92	3	0.16	21	2.73	14
水電燃氣	18	9	4065.13	3	225.86	3	6.33	9	17.54	2	7.94	6
廣告、公關及設計	15	10	358.79	15	99.19	19	-12.22	11	8.17	25	10.24	25
海運及船務代理	15	10	1487.84	10	23.92	7	5.22	20	-	3	-	5
醫療及社會服務	13	12	915.43	12	70.42	9	-0.97	15	1.65	13	3.63	12
媒體娛樂	12	13	357.84	16	29.82	16	-17.39	22	0.27	20	0.84	19
投資控股	11	14	187.64	19	17.06	25	-81.77	25	3.81	6	14.06	2
觀光餐飲	10	15	186.07	20	18.61	23	-46.20	24	1.06	17	4.97	10
空運	8	16	1663.29	9	20.43	4	-15.73	8	1.75	4	6.19	21
出版、印刷、書店	8	16	163.4	21	17.78	22	132.59	21	2.12	12	13.95	8
軟體	8	16	142.23	22	357.83	24	-3.95	1	83.82	10	6.77	3
電信	8	16	2862.65	5	207.91	1	10.55	16	6.35	1	-2.16	7
機械及設備租賃	7	20	318.33	17	51.49	13	11.77	14	-13.71	14	-12.81	11
陸上客運	7	20	360.44	14	45.48	11	0.24	7	1.51	23	4.11	23
其他服務業	4	22	90.87	23	22.72	20	129.47	2	1.31	15	5.10	9
保全	3	23	77.95	24	25.98	17	15.96	6	4.31	5	13.49	4
郵政	1	24	257.85	18	257.85	2	-39.40	23	-54.87	24	-21.28	24
房屋仲介	1	25	21.75	25	21.75	21	35.77	4	3.30	7	15.17	1

資料來源：天下雜誌，2003 年 5 月 1 日，p. 266。

在十六大類中，屬於三級產業的服務業就占了十一大類，更可以說明服務業在整體產業當中的重要性與多元的複雜性，而這三級產業又可依照功能與服務對象的差異，分為包括分配性服務業、生產性服務業、消費者服務業與社會服務業等四大類服務業（如圖 2-4）。

服務業
- 分配性服務業：以運送、儲存等而提高價值者，如倉儲、運輸業。
- 生產者服務業：以提供生產者服務而提高價值者，如金融業、法律及工商服務業。
- 消費者服務業：以服務消費者爲目的者，如批發、零售業、餐旅業。
- 社會性服務業：以社會大衆爲服務導向者，如醫院。

資料來源：王士峰、王士紘（1995）商業自動化

圖 2-4　三級產業分類圖

2.2.3 鍵成功因素（KSF）之定義

在探討服務業關鍵成功因素之前，我們首先要先對所謂的「成功」及「關鍵成功因素」下定義。

成功之定義：

一般多數人對於「成功」的看法或定義大多不太一致。在著名的《韋氏辭典》中對於「成功」（Success）所下的定義為：衡量或達成所渴望的預期目標之程度（the degree on measure or attaining a desired end）。也就是說，成功的定義或衡量是建立在原先所預期的目標之上，但是每個人所預期的目標可能有所不同，所以對成功的定義自然有所不同。

由於商場如戰場，就企業經營的角度來看，優勝劣敗是極為明顯的，所謂事業經營成功與否的定義為何？Kasem and Moursi（1971）就指出「組織成效是指一位元管理者對於職位上種種要求的達成程度」。所以，就企業組織運作而言，就是必須運用有限的人力、物力資源，在透過組織的有效營運與管理，以達成企業組織

所預期的目標。范祥雲（1995）就指出：以往關鍵成功因素的歸納與確認的過程中，成功的定義往往並不一致，或是在認定上有不同的看法。一般來說，大部分的研究是以某些績效衡量指標來衡量企業的成功與否，在這些績效評估指標中若表現良好，或是達成某些設定的目標，則稱為成功。

關鍵成功因素之定義：

對於所謂「關鍵成功因素」的定義，亦會因為不同的學者觀念，或不同的產業領域而有不同定義或解釋。在中國古代的兵書聖典《孫子兵法》裡面，就曾經

強調了衡量戰局勝負的五大「關鍵成功因素」為：道、天、地、將、法（說明：孫子並未使用「關鍵成功因素」這個名詞）。

> 孫子曰：兵者，國之大事，死生之地，存亡之道，不可不察也。故經之以五事，校之以計，而索其情：一曰道，二曰天，三曰地，四曰將，五曰法。道者，令民於上同意，可與之死，可與之生，而不危也；天者，陰陽、寒暑、時制也；地者，遠近、險易、廣狹、死生也；將者，智、信、仁、勇、嚴也；法者，曲制、官道、主用也。凡此五者，將莫不聞，知之者勝，不知之者不勝。故校之以計，而索其情，曰：主孰有道？將孰有能？天地孰得？法令孰行？兵眾孰強？士卒孰練？賞罰孰明？吾以此知勝負矣。

近代對於「關鍵成功因素」的研究，在 1979 年之前也比較少，對於關鍵成功因素所使用的名稱也有所不同。本研究所採用之名稱為：關鍵成功因素（Key Success Factors, KSF；或 Critical Success Factor, CSF），其他尚有一些相近的研究名稱例如：策略因素（Strategic factors）、關鍵成果領域（Key result areas）、策略變數

（Strategic Variable）、以及關鍵活動（Key Activities）...等等。但在 1979 年以後就有許多專家學者投入這個研究，而且對於關鍵成功因素的看法趨於一致（范文偉，1994）。

早期 Daniel（1961）就曾經定義「成功因素」（Success Factors）是：為了成功必須做得特別好的重要工作；在大部分的產業中，通常有三到六個決定是否能成功的因素，廠商必須把這些關鍵工作做得特別好才能獲致成功。

而 Hofer and Schendel（1978）則認為：「關鍵成功因素」是一些變數，管理當局對這些變數的決策，實質地影響企業在產業中整體的競爭地位。

Rockart（1979） 的看法相近，亦認為：「關鍵成功因素」存在於企業有限的幾個領域，如能在這幾個領域做好、做對，即能保證企業有較佳的競爭績效，這幾個有限且重要的領域可作為高階層管理者決定其所需資訊的依據。

Aaker（1984）則更結合競爭優勢的策略觀點，進一步認為：「關鍵成功因素」是企業面對競爭者所必須具有的最重要競爭能力或資產；成功的企業通常在關鍵成功因素的領域是具有優勢的，不成功的企業通常缺少關鍵成功因素中某一個或幾個因素；唯有把握住產業的成功因素，才能建立「持久的競爭優勢」（Sustainable Competitive Advantage）。

日本的大前研一（1985）則說明：「關鍵成功因素」為策略家尋找策略優勢的途徑之一，把企業的資源集中投入在特定領域中取得競爭優勢。

策略研究著名的學者吳思華（1988）認為：「關鍵成功因素」為在特定產業內，成功的與他人競爭，所必須具備的技術或資產。

另外，陳慶得（2001）歸納相關研究文獻後指出：早期「關鍵成功因素」都應用在管理資訊系統上，而近年來則擴展至策略管理的領域中；關鍵成功因素儼然成為管理上的利器，成為獲取競爭能力的必要條件，也成為在規劃與決策時的重要考量。

綜合以上諸多學者的看法，本研究定義「關鍵成功因素」為：企業在競爭的環境中，獲致經營成功的關鍵因素。並根據《孫子兵法》所言「知己知彼，百戰不殆」的格言，將其分為「知己」與「知彼」兩個面向，從「知己」的角度來看：是作為企業內部資源分配與各項技術能力衡量的重要依據；從「知彼」的角度來看：則包括市場面的消費者需求分析，以及產業競爭分析時所必須要考慮到的主要因素。

而本研究所對「關鍵成功因素」的看法，認為應該是在三到六項之間；而且也可能因為產業性質的不同，或者企業組織的特性或組成分子的組合不同而有所差異；而且主要的關鍵成功因素，還會隨著時空條件或競爭態勢的轉換而跟著轉變。基本上是市場上或組織中缺少了哪一項因素，那此項便會成為關鍵成功因素；而且企業或組織，甚至是個人，若能掌握好這些關鍵因素，便能在競爭的產業環境中取得優勢，而獲致成功。

陳慶得（2001）根據以上各個學者之定義及相關文獻的歸納（Daniel,1961；Rockart, 1979；Ferguson and Dickison, 1982；Boynton and Zmud,1984；Aaker, 1988；Hofer and Schendle, 1987；吳思華，1988），認為關鍵成功因素具有以下之特性：

1.關鍵成功因素會隨著時間改變。

2.關鍵成功因素會因產業、產品與市場等研究對象的不同而有所差異。

3.關鍵成功因素會隨著產品生命周期的變化而改變。

4.關鍵成功因素應考慮未來的發展趨勢。

所以，在探究企業組織或產業經營的關鍵成功因素的時候，必須要先考慮到該產業的特性，以及所處的時間點、產品的生命周期不同…等因素，方可進行適切的理解與分析，並且致力投入，而取得競爭的優勢。

2.2.4 服務業關鍵成功因素構面

孟德芸（1992）提出關鍵成功因素可歸納為以下五點功能：

1.作為組織再分配其資源時的指導原則。

2.簡化高階管理者的工作；根據研究指出，關鍵成功因素個數以 5~7 個的範圍為原則。

3.作為企業經營成敗的偵測系統。

4.作為規劃管理資訊系統時的工具。

5.作為分析競爭對手強弱的工具。

由於企業可使用的資源往往有限，很難兼顧所有面向的各個經營相關因素；所以，若能瞭解各個構面的因素對於企業經營影響的重要程度，並且依照各個構面的重要程度來加以掌握輕重緩急，這將有利於企業達成階段性的獲利目標，以及永續經營的事業目標。

根據周文賢（1999）的研究發現，隨著市場及產品的不同，關鍵成功因素的構面亦會有所差異，不過一般仍可歸納為下列十二項：

（一）企業形象

良好的企業形象乃是有力的競爭因素之一，尤其是對消費性產品，可使消費者對產品產生高度的信賴。

（二）品牌形象

企業除需塑造一般性的企業形象外，亦需為每一產品塑造個別品牌形象，兩者之間關係密切。例如：寶鹼（P&G）公司擁有多樣品牌，在推銷產品時，常利用企業形象搭配品牌形象的廣告。品牌形象的性質類似企業形象，但品牌形象通常是消費者使用過該產品後產生的印象，因此比企業形象更具體、可接觸。強化企業形象的方式有廣告、公益活動、優良產品等；而強化品牌形象的方式有廣告、優良產品、促銷活動等。

（三）進入時機

企業進入市場的時點，稱為進入時機。正確的進入時機對企業而言，可帶來相當大的競爭優勢。

（四）產品屬性

所謂產品屬性是指產品的功能、規格、外觀及服務等，這些屬性往往是產品價值的來源。產品的屬性若不能滿足消費者，則不會被消費者所購買，這也意謂著此產品競爭力薄弱。

（五）產品品質

所謂產品品質是指產品的級數，同樣功能的產品有不同的品質存在；品質必須達到一個合理的水準，才能在市場上具有競爭力。

（六）核心技術

產品的生產或銷售體系中，最重要的關鍵技術即為核心技術，它可能是產品的研發技術，也可能是生產技術，對此技術的掌握力越強，則競爭力越強。

（七）廣告效果

企業所推出之廣告，在消費者心目中的地位及市場銷售量的反應稱之為廣告效果。一般而言，消費性產品較重視廣告效果，而工業性產品則否。而消費者的反應，乃指品牌偏好、產品態度、購買意願等。

（八）促銷效果

企業舉辦促銷活動，所產生的消費者反應及市場銷售量成效稱之為促銷效果。促銷效果越好，產品競爭力越強，這通常是決策層主管、企劃專員及執行促銷活動的人員，同心協力所產生的結果。廣告效果與促銷效果兩者並不相同，前者為媒體之運用，後者則是針對消費者及中間商之推廣。

（九）進貨折讓

所謂進貨折讓是指讓中間商以更優惠的價格進貨。一般而言，廠商均會在產品上標示建議售價，中間商的進貨折讓就是建議售價乘以特定百分比。通常，進貨折讓越高與經銷商所願意投入之銷售力成正比。

（十）價格競爭力

所謂價格競爭力，是指價格相對於品質的觀念；換言之，就是用相同的價格，可以買到多少的品質。一般而言，在同樣的價格下，品質較高者，價格競爭力越高；在同樣品質下，價格較低者，價格競爭力越高。換言之，價格競爭力的評估不單是由價格多寡來決定，同時亦須考慮品質。

（十一）通路掌握力

產品從離開公司至顧客的過程中，稱為通路。掌握有效通路，企業才能更順利地將產品銷售給顧客，因此通路掌握力越強者，競爭力越強。

（十二）其他因素

理論上，關鍵成功因素有很多項，除了上述各項外，舉凡行銷企劃能力、資金籌備能力、團隊銷售能力、財務規劃能力、資訊掌握能力、生產流程配置、主管企圖心及企業文化等皆屬之。簡言之，關鍵成功因素大致可分為上述幾個構面，在實務運用上更是涵蓋廣泛，凡是能使企業獲致銷售量或佔有率的因素皆屬之。然而，這些為數眾多的因素，企業不可能全數掌握，以企業所擁有的有限資源而言，也不可能全數考慮。因此，要從眾多的因素中，找出最關鍵的因素，就必須進一步瞭解評估關鍵成功因素的方法。

2.3 方法：文獻資料歸納與後設分析

2.3.1 文獻資料分析法

凡是經由「文獻資料」進行研究的方法，就可稱之為文獻資料分析法。此方法在社會研究中被廣泛運用，因為在某些限度內，它可輔助研究者瞭解過去，重建過去，並解釋現在及預測未來。

文獻的內涵和分類

「文獻」一詞，辭海解釋為：原意指典籍與宿賢。今專指具有歷史價值的圖書文物資料。這就說明「文獻」的基本功用在於記錄過去有歷史價值的知識。文獻是屬於具有歷史價值的知識整體，可從不同的角度作下列多種分類：

1.從「時間」可分為：

古代文獻、中世紀文獻、近代文獻、現代文獻。

2.從「空間」可分為：

我國及其各地方的文獻，外國及其各地方的文獻。

3.從「知識存載形式」可分為：

文字文獻、資料檔案、圖像文獻、有聲文獻等。

4.從「記錄形式」可分為：

手抄文獻、印製文獻、甲骨文獻、機讀文獻等。

5.從「製作過程」可分為：原始文獻、檢索文獻、綜合文獻等。

本研究以收集近十年以服務業「關鍵成功因素」為主題之國內外相關學術研究成果為主。

本研究的文獻資料搜集步驟

1.確定研究問題與文獻分析準備

本研究首先確定研究範圍，並在此範圍內，廣泛閱讀及探討相關的文獻（如：國內外專書、專刊、研究報告或論文）。並事先做好下列有關的準備工作：1.先訂定調查計畫，此計畫是整個文獻資料分析的工作進度表；2.確認所要搜集文獻之內容、時間及類型等範圍；3.瞭解所要搜集及摘錄的文獻現存狀況以及借閱狀況；以上的準備工作均完成後，便可正式前往作文獻調查。

2.文獻資料的搜集

上述的準備工作都完成以後，便可開始進行文獻資料搜集。文獻資料分析實施要一步一步進行，首先搜集文獻，後摘錄文獻。如果沒有廣泛的搜集，摘錄也就成無米之炊。而所搜集的多屬於二手的間接資料（如：相關的統計研究成果或個案故事的轉述資料），但間接資料亦將有其不凡之功用。

3.文獻資料的判別與篩選

當摘錄文獻之後，緊接著的是將摘錄的文件資料進行初步整理及分類，因為經過分類整理的調查資料才能進一步研究分析使用。資料獲得之後，必須先對其作初步的研究資料判別，對於較不完整或不嚴謹之研究先與以剔除，以藉此提升往後資料分析的可靠度。

2.3.2 文獻資料歸納

利用歸納方式對於所搜集的資料加以歸納整理、分析及解釋，並準備依此作進一步之探討，再提出個人獨特之看法。

本研究之文獻資料在搜集整理時，「歸納架構」首先以序號、研究者與研究主題為基本標示，然後再以各篇論文所選擇之產業別、研究方法、所引用之理論架構及研究成果為四個主要欄位。這樣的歸納架構主要是針對後續後設分析時所需彙整的主要資料，以作為解釋歸納結果之依據。

2.3.3 研究的後設分析法之再建構

在進行後設分析之時，首先要將搜集的 32 篇研究成果進行「再編碼」的工作，由於每一篇研究所用的因素名稱不同，無法進行更進一步的分析，於是要先統一為一個新的構面架構。有鑒於其他相關研究多以西方理論架構為引用之據，所以即使是使用後設分析，也必須再使用另一個西方理論架構為基礎再來進行之。

本研究大膽採用不同的構面架構，首先我們以孫子兵法的「道、天、地、將、法」五個構面為初始開端，並且在進行歸類的過程中，在陸續加入其他構面，最後總共歸納為：領導、天時、地利、將才、制度、產品價值、市場顧客、財務支撐、團隊成員、其他等十個構面，再依出現的頻率進行關鍵成功因素的再建構，成為關鍵中的關鍵。

2.4 結果：近十年相關研究成果之歸納與分析

2.4.1 近十年之相關研究主題與關鍵成功因素之歸納

本研究經過篩選之後，收集了 32 篇與服務業關鍵成功因素有關的研究論文，並針對他們的研究者（年份）、論文名稱、研究的行業別、使用的研究方法、採用的理論架構、所得出的服務業關鍵成功因素，分別彙整於後（如表 2-4）。

表 2-4　服務業關鍵成功因素歸納分析一覽表（1）

序號	研究者（年份） 論文名稱	行業別 研究方法 理論架構	服務業關鍵成功因素
1	何明城(1994) 以關鍵成功因素探討服務傳送系統之內涵	廣告業 房屋仲介業 餐飲業 理髮業 個案法 綜合文獻	(1)專業服務： 1.專業能力 2.形象 3.團隊合作 4.介面管理與分權 5.業務能力 6.設計／多樣化的能力 (2)間斷式服務： 1.形象 2.聲譽 3.品牌 4.規模 (3)大量服務： 1.標準化的制度 2.產銷配合 3.採購能力 4.顧客關係 5.等候線管理 6.立地與遞送
2	范文偉(1994) 休閒產業經營之關鍵成功因素分析—以台灣職業棒球業為實證	休閒業 問卷法 綜合文獻	1.教練團的素質 2.球隊的訓練與管理制度 3.球員的素質 4.職棒廠商的成本與預算控制 5.廠商對職業棒球的經營理念 6.球員的精彩表現
3	陳高貌(1995) 現階段銀行業經營之關鍵成功因素探討—以台中市銀行業為例	金融業 問卷法 綜合文獻	1.形象信譽及低成本力 2.金融專業管理能力 3.通路人脈掌握力 4.內部控制能力 5.業務及市場開發力 6.銷售促進力
4	魏源金(1996) 尖山埤水庫風景區經營關鍵成功因素之研究	觀光業 問卷法 專家深度訪談法 綜合文獻	(1)經營者較重視因素： 1.行銷策略 2.人力資源 3.水上遊樂 4.業務推廣 5.參考價格 6.硬體設施 7.睦鄰公關 8.經營績效 9.研究發展 10.財務管理 11.產品市場 12.法令政策 (2)遊客需求因素： 1.產品特性 2.促銷推廣 3.住宿價格 4.景觀資源 5.餐飲價格 6.門票價格 7.服務需求 8.遊樂設施 9.交通區位

表 2-4　服務業關鍵成功因素歸納分析一覽表（2）

序號	研究者（年份） 論文名稱	行業別 研究方法 理論架構	服務業關鍵成功因素
5	林群盛(1996) 連鎖經營產業之營運性關鍵成功因素暨競爭優勢分析—台灣連鎖餐飲業之實證	餐飲業 深度訪談法 以產業現況 分析、價值鏈 分析及產業結構分析三大構面為理論架構	1.完善的門市工作手冊 2.餐點的獨特性 3.完善的教育訓練體系 4.高素質的人力資源 5.連鎖體系的形象及知名度
6	陳樹元(1997) 百貨零售產業關鍵成功因素、競爭策略與經營績效關係之研究—以臺北市百貨公司為例	零售業 深度訪談法 綜合文獻	1.目標市場的選擇 2.經營型態的定位 3.顧客忠誠度的培養 4.地址的選定 5.與供應商的關係 6.管理管理資訊與配銷系統
7	鄭婷方(1997) 從管理顧問產業特質探討台灣管理顧問業之關鍵成功因素	管理顧問業 問卷法 綜合文獻	1.智庫 2.知識移轉 3.產品／服務 4.商譽 5.組織文化 6.企業資產 7.政府政策 8.公共關係 9.人力資源 10.專案管理 11.專業諮詢 12.客戶關係 13.融入客戶 14.人際能力 15.客戶特性
8	鄭平蘋(1998) 民營企業技術移轉之關鍵成功因素	國際貿易業 零售業 管理顧問業 資訊服務業 問卷法 綜合文獻	1.顧客需求變化速度 2.技術配合市場需求 3.技術接受者之技術吸收能力 4.技術之成熟度 5.技術接受者之管理者支援 6.市場規模 7.相關產業配合 8.提供者技術能力 9.提供者之技術移轉經驗 10.雙方之互動

表 2-4　服務業關鍵成功因素歸納分析一覽表（3）

序號	研究者（年份） 論文名稱	行業別 研究方法 理論架構	服務業關鍵成功因素
9	田文(1999) 我國行動電話服務業運用策略聯盟與行銷策略建立競爭優勢之研究	行動電話通訊業 深度訪談法 開放式訪談法 綜合文獻	1.品質 2.通路 3.創新 4.形象
10	陳南州(1999) 台灣西藥經營成功關鍵因素之探討	西藥業 專家訪談法 Aaker(1988)及黃營杉(1994) 關鍵成功因素為架構	1.新產品的開發能力與快速上市 2.注重目標行銷、提高行銷能力與競爭力　3.接近顧客與市場 4.高階主管的領導與管理能力 5.積極且彈性因應政策、法令與規章
11	高宏華(2000) 台灣百貨量販業供應鏈管理策略構面與關鍵成功因素	零售業 專家訪談法 問卷法 綜合文獻	1.一次購足 2.超低售價 3.貨品新鮮 4.自助選購 5.免費停車
12	許正升(2000) 我國製藥產業經營策略之研究	製藥業 個案法 深度訪談法 綜合文獻	1.新藥研發能力 2.完整的行銷能力 3.人力資源管理能力 4.提升品質的能力 5.經濟規模達成與否
13	陳慶得(2001) 連鎖式經營關鍵成功因素之探討—以美語補習業為例	補教業 問卷法 Aaker(1988)所提企業競爭技能與資產之關鍵成功因素為架構	1.人力素質因素 2.師資因素 3.行銷因素 4.學習品質因素 5.設備與教材因素 6.企業因素 7.連鎖因素 8.營運因素

表 2-4　服務業關鍵成功因素歸納分析一覽表（4）

序號	研究者（年份） 論文名稱	行業別 研究方法 理論架構	服務業關鍵成功因素
14	蔡嘉玲(2001) 網路券商關鍵成功因素之研究	網路券商 問卷法 外在環境以 Robert B. Ducon 理論為基礎；內在環境則以 Porter 企業價值鏈分析為基礎	1.技術發展能力 2.企業形象 3.組織管理能力 4.顧客服務 5.商品多樣化
15	戴國良(2001) 台灣服務業優勢領導廠商關鍵成功因素之探索－以資源基礎理論與知識經濟為觀點	零售業 餐飲業 金融業 娛樂媒體業 問卷分析法 個案研究訪談 焦點團體座談 綜合文獻	1.人才團隊 2.創新 3.顧客導向 4.前瞻 5.管理架構 6.企業文化
16	周一玲(2001) 財經網路媒體經營模式之關鍵成功因素探討	線上財經資訊供應商 個案法 以Thompson 提出的 Value Network 與 Porter 的五力分析為理論架構	1.資訊商品的獨特性 2.資訊商品的豐富性與超煉結 3.資訊商品更新速度 4.使用者對線上財經資訊供應商信任度與品牌 5.資訊商品的正確性 6.互動與個人化 7.營收來源多元化
17	陳育凱(2001) ISP 之關鍵成功因素探討－運用 AHP 法	網路服務供應商 問卷法 以 Porter 企業價值鏈分析為理論架構	1.市場需求因素 2.顧客化導向服務 3.同業競爭行為 4.同業及異業之策略聯盟 5.技術因素系統 6.通路之便利性 7.組織效率與應變能力 8.服務人員之素質 9.政策法令 10.導入客戶關係管理

表 2-4　服務業關鍵成功因素歸納分析一覽表（5）

序號	研究者（年份） 論文名稱	行業別 研究方法 理論架構	服務業關鍵成功因素
18	余幸真(2001) 學習性網站關鍵成功因素之研究	學習性網站 問卷法 以 Leidecker 及 Bruno(1984) 所提出的關鍵因素確認法為理論架構	1.鎖定正確的目標顧客 2.提供諮詢與顧問的服務 3.教材內容的規劃使用介面易於操作 4.學習者與教學者的互動
19	劉得欣(2001) 台灣資訊服務業—經營之成功關鍵要素探討	資訊服務業 深度訪談法 開放式訪談 綜合文獻	1.新產品創新發展能力 2.集中化策略 3.強調工作人力的技術與知識 4.使用者口碑的建立與使用 5.強烈企業文化、策略聯盟。
20	朱寧馨(2002) 商用套裝軟體業經營成功關鍵因素之研究	資訊服務業 文獻研究法 綜合文獻	(1)市場行銷： 1.行銷策略 2.市場開拓 3.企業形象 4.產品定位 5.產品上市 6.銷售服務 (2)人力資源： 1.企業文化 2.領導特質 3.人力招募 4.人力資源 5.人力發展管理 (3)產品研發： 1.產品開發 2.生產品質 3.研發能力 (4)政府產業政策： 1.外在經濟環境 2.政府輔導計劃 (5)策略聯盟 (6)資金募集
21	傅峰林(2002) 招商式大型數位化產品賣場之關鍵成功因素探討分析—以 NOVA 資訊廣場為例	資訊零售業 問卷法 綜合文獻	(1)廠商因素： 1.停車方便 2.交通方便 3.商場位置醒目 4.頻繁促銷活動 5.商場空間氣氛 6.商場動線順暢 7.商場便利設施 8.多元廣告具吸引力 9.結合周遭商圈 10.提升員工素質 (2)消費者因素： 1.商品品質好 2.停車方便 3.服務人員態度佳 4.交通方便 5.商品種類多 6.可信賴購物環境 7.服務人員專業知識佳 8.商品品牌可信賴 9.商品價格低 10.滿足貨比多家的欲望

表 2-4　服務業關鍵成功因素歸納分析一覽表（6）

序號	研究者（年份）	論文名稱	行業別	研究方法	理論架構	服務業關鍵成功因素
22		網際網路公司之成功關鍵因素	資訊服務業	問卷法	綜合文獻	(1)電子商務： 1.便宜便利 2.良好顧客服務 3.內部經營機制 (2)入口網站： 1.行銷因素 2.人氣因素 3.運作安全機制 (3)內容網站： 1.多重服務 2.專業人才 3.特定目標族群 (4)網路服務提供者： 1.專業能力 2.運作服務
23	林書漢(2002)	國際觀光旅館業關鍵成功因素與績效評估指標設計之研究—平衡計分卡之應用	休閒服務業	問卷法	以 Kaplan and Norton 兩位學者所提出的平衡計分卡 (Balanced Scorecard) 作為理論基礎	1.致力降低成本與穩定的獲利能力 2.掌握市場動態與顧客需求 3.提供顧客完整的服務與資訊諮詢 4.不斷適時創新與強化服務品質 5.員工教育、獎勵與科技應用 6.員工忠誠度與工作團隊士氣 7.內部知識管理與創新
24	程英斌(2002)	室內設計公司經營成功關鍵因素與外在環境關係之研究	室內設計業	半結構式問卷法	綜合文獻	1.產品／服務品質 2.產品創新 3.掌握客戶 4.行銷策略 5.形象信譽 6.預算／成本控制 7.財務管理 8.人力素質 9.領導 10.行業知識／經驗
25	吳碧玉(2003)	民宿經營成功關鍵因素之研究—以核心資源觀點理論	休閒服務業	個案法 深度訪談法	綜合文獻	(1)資產： 1.民宿建築物 2.地理位置 3.自然資源 4.自然景觀 5.品牌聲譽 6.經濟網路 7.農業文化資源 8.餐點的獨特性 (2)專長能力： 1.經營管理能力 2.領導風格 3.專業能力 4.解說導覽能力 5.活動的安排與設計 6.經營風格

表 2-4　服務業關鍵成功因素歸納分析一覽表（7）

序號	研究者（年份） 論文名稱	行業別 研究方法 理論架構	服務業關鍵成功因素
26	劉思治(2003) 從關鍵成功因素及資源基礎觀點探討休閒事業之競爭優勢—以西子灣休閒度假中心為例	休閒服務業 深度訪談法 訪談法 綜合文獻	(1)資產： 1.地理區位 2.自然資源 3.自有資金 4.經營特許權 5.電腦管理系統 6.基本消費客源 (2)能力： 1.經營者創業精神 2.經營者領導風格 3.經營風格 4.企業文化
27	楊日融(2003) 咖啡店經營關鍵成功因素之研究	餐飲業 問卷法 以 Aaker(1984)所提企業競爭技能與資產之理論為架構	1.服務品質 2.產品品質與特色 3.行銷方法 4.商店風格與特色 5.顧客關係與店長個人能力 6.商圈與店址選擇 7.商務聚會的適合度
28	秦建文(2003) 咖啡連鎖店關鍵成功因素之研究	餐飲業 問卷法 以 Leidecker 及 Bruno(1984)所提出的關鍵因素確認法為理論架構	1.店址和商圈的選定 2.完善教育訓練體系 3.新產品研發能力 4.廣告及促銷活動 5.產品的獲利性
29	陳淑瑤(2003) 非營利組織的顧客滿意關鍵成功因素研究—以青年志工中心為例	非營利組織 文獻研究法 重要事件技術法 深度訪談法 問卷調查法 以 PZB(1985)服務品質概念為理論架構	1.服務人員的可靠性 2.服務人員的激勵性 3.服務人員的勝任性
30	梁海(2003) 連鎖加盟關鍵成功因素之研究—以移動式販賣為例	餐飲業 深度訪談法 訪談法 綜合文獻	1.品質 2.特色 3.品牌的形象與知名度 4.與加盟總部的互動及創新

表 2-4　服務業關鍵成功因素歸納分析一覽表（8）

<table>
<tr><th rowspan="3">序號</th><th>研究者(年份)</th><th>行業別</th><th rowspan="3">服務業關鍵成功因素</th></tr>
<tr><th rowspan="2">論文名稱</th><th>研究方法</th></tr>
<tr><th>理論架構</th></tr>
<tr><td rowspan="3">31</td><td>謝坤霖(2003)</td><td>休閒服務業</td><td rowspan="3">(1)業者：
1.地理位置
2.景觀氣氛
3.服務品質
4.價格因素
5.硬體休閒設施
6.經營管理
7.業務推廣
8.聲譽因素
(2)遊客：
1.地理位置
2.景觀氣氛
3.服務品質
4.休閒設施
5.經營管理
6.名聲因素</td></tr>
<tr><td rowspan="2">國內非營利休憩事業經營關鍵成功因素之探討—以救國團墾丁青年活動中心為例</td><td>深度訪談法
問卷法</td></tr>
<tr><td>訪談法
綜合文獻</td></tr>
<tr><td rowspan="3">32</td><td>曹聖宏(2003)</td><td>殯葬業</td><td rowspan="3">1.領導能力
2.儀人員的專業能力
3.禮儀人員的向心力
4.服務品質的穩定度
5.服務軟硬體設施
6.行銷通路穩定度
7.品牌知名度
8.充裕的資金
9.供應商關係</td></tr>
<tr><td rowspan="2">台灣殯葬業企業化公司經營策略之個案研究</td><td>個案法</td></tr>
<tr><td>訪談法
綜合文獻</td></tr>
</table>

2.4.2 研究內容、取徑、方法之趨勢分析

(1)研究內容之趨勢

台灣從 1994 年至 2003 年關於服務業關鍵成功因素之研究，主要研究之產業個案為：消費者服務業（55%）、資訊服務業（25%）、生產者服務業（11%）及公共服務業（8%）等議題（如表 2-5 所示）。

服務業關鍵成功因素的研究，早在 1994 年就已經存在著，一直持續至今相關研究從未停止過，且對於消費者服務業的研究，更是年年增加。從表 2-5 可知有一半以上的產業個案（55%）是以消費者服務業為主題；資訊服務業在 1994 年至 1997 年之中，雖然無任何研究，但從 1998 年至 2003 年以後起之秀的姿態，開始有許多研究相繼產生（占 25%）；而生產者服務業及公共服務業在 1994 年至 2003 年的相關研究，卻只占 11%及 8%，且前者在 2002 年至 2003 年仍無任何研究，後者則在 1998 年至 2001 年無任何研究；值得注意的是物流服務業及整體服務業研究，則至目前仍無任何研究。

表 2-5　台灣服務業關鍵成功因素的主要研究產業個案（1994－2003）

產業分類	1994-1995 (N=4)	1996-1997 (N=4)	1998-1999 (N=5)	2000-2001 (N=9)	2002-2003 (N=14)	總和 (N=36)
消費者服務業	3(8%)	2(5%)	3(8%)	3(8%)	9(25%)	20(55%)
生產者服務業	1(2%)	1(2%)	1(2%)	1(2%)		4(11%)
物流服務業						0
公共服務業		1(2%)			2(5%)	3(8%)
資訊服務業			1(2%)	5(13%)	3(8%)	9(25%)
整體服務						0

注：總和超過 32 篇，是因為有些研究同時探討二種以上的產業，因此產業總數會多於實際個案數。

(2)研究取徑之趨勢

台灣從 1994 年至 2003 年關於服務業關鍵成功因素研究的主要取徑，可以看出量化研究（占 43%）及質性研究（占 31%）一直

都是比較主要的研究方式。從表 2-6 可以看到從 1994 年至 2001 年間，沒有任何研究是採用文獻分析為主要的研究方式，顯示研究者當時對服務業關鍵成功因素尚未有概念，而必須從西方引入或等待實務者提供資料，到了 2002 年才有一篇研究是使用文獻分析法。質化研究從 1996 年至 1999 年均為較主流的研究方式（占 12%），但隨著時間的演進，量化研究越來越多。1994 年至 1999 年間量化研究數量仍不多，只有四篇（12%），但在 2000 年至 2003 年間大部份的研究多是屬於量化研究（30%）。除此之外，有些研究是屬於質、量兼具的混合型研究，但這種研究方式只有在 1996 年及 2000 年至 2003 年出現，其他時間並沒有見到這種型式的研究。雖然量化研究增加許多，但並不能因此就用來判定論文的品質及嚴謹度已經提升。

表 2-6　台灣服務業關鍵成功因素研究的取徑（1994 - 2003）

研究取徑	1994-1995 (N=3)	1996-1997 (N=4)	1998-1999 (N=3)	2000-2001 (N=9)	2002-2003 (N=13)	總和 (N=32)
文獻分析					1(3%)	1(3%)
質化研究	1(3%)	2(6%)	2(6%)	3(9%)	2(6%)	10(31%)
量化研究	2(6%)	1(3%)	1(3%)	4(12%)	6(18%)	14(43%)
混合型研究		1(3%)		2(6%)	4(12%)	7(21%)

(3)研究方法之趨勢

台灣過去十年來，服務業關鍵成功因素所使用研究方法主要以調查法（37%）為主，其次為訪談法（27%），只有少數研究采個案法（13%）、AHP 法（10%）、文獻研究法（5%）、德菲法（2%）及重要事件技術法（2%）。訪談法的使用多半是屬於調查法中的一個階段，用來輔助問卷編制，純粹的使用訪談法來搜集資料，當作正式文本來引用的情形較少見，此法於 1996 年後就開始常被研究者使用，且從 1998 年至 2003 年間，似乎有增長的趨勢，2002 年至 2003 年使用率達所有研究中的 13%。個案法雖較少為人使用，但在 2000 年至 2003 年就有較穩定的使用率；而 AHP 法則為探討關鍵成功因素的重要研究方法之一（如表 2-7 所示）。由此可見，由於服務業的關鍵成功因素研究不多，因此造成一些依賴文獻分析的研究方法，無法施展開來，以致於搜集資料的程度非常有限，而在眾多研究中，方法的同質性亦太高。調查法變成主體，而其他方法則為配合調查法來使用。此現象可視為對服務業關鍵成功因素之研究而言的一種警訊。

表 2-7　台灣服務業關鍵成功因素的主要研究方法（1994 - 2003）

研究方法	1994-1995 (N=3)	1996-1997 (N=4)	1998-1999 (N=3)	2000-2001 (N=9)	2002-2003 (N=18)	總和 (N=37)
個案法	1(2%)			2(5%)	2(5%)	5(13%)
調查法	1(2%)	2(5%)		3(8%)	8(21%)	14(37%)
訪談法		2(5%)	1(2%)	2(5%)	5(13%)	10(27%)
AHP 法	1(2%)		1(2%)	2(5%)		4(10%)
德菲法			1(2%)			1(2%)
文獻研究法					2(5%)	2(5%)
重要事件技術法					1(2%)	1(2%)

注：總和超過 32 篇，是因為有些研究同時採用二種以上的研究方法。

2.4.3 後設分析：關鍵中的關鍵成功因素

研究者採用後設分析探討關鍵中的關鍵成功因素，這牽涉到 KSFs 的歸類架構之探討。早期學者將 KSFs 分為「二元論」（Ein-Dor & Segev, 1978; Zahedi, 1987; Lee, 1989）與「三維架構」（Ginzberg, 1980; Dickenson et al., 1984）兩種主張，而後又陸續有其他歸類模式之出現（如表 2-8）。

本研究系歸納整合以上之分類架構，進行後設分析，最後逐步歸類得出之構面為：1.領導者、2.產品價值、3.品牌形象、4.人才團隊、5.制度管理、6.研發創新、7.市場顧客、8.財力支撐、9.其他因素等九個構面，再依出現的頻率進行關鍵成功因素的再建構，成為關鍵中的關鍵（如表 2-9、圖 2-5）。

表 2-8　關鍵成功因素的主要歸類架構模式

歸類架構	面向	主張學者
二元論	●可控制 ●不可控制	Ein-Dor & Segev, 1978
二元論	●內在因素 ●外在影響因素	Zahedi, 1987
三維架構	●固有的：公司基礎功能部門 ●發展的：有關公司長期競爭優勢之策略 ●功能的：較屬於短期內之操控	Dickenson et al., 1984
2 × 3	●技術：廠商面、供給面、作業面 ●交易複雜度：顧客面、需求面、行銷面	Hambrick, 1989
四個面向	●系統　●客戶 ●業務　●組織環境	Griffin, 1994
公司基礎功能部門	●產品／服務 ●行銷 ●財務 ●人力資源…等	Dickenson et al., 1984 張火燦, 1998 游文誥, 1999 譯 Ebert & Griffin, 2000

表 2-9　台灣服務業關鍵成功因素的後設分析（1994 - 2003）

	因素構面	次數統計	%	備註
1.	領導者	9	3.2%	
2.	產品價值	62	22.1%	
3.	品牌形象	23	8.2%	
4.	人才團隊	33	11.7%	
5.	制度管理	26	9.3%	
6.	研發創新	17	6.0%	
7.	市場顧客	81	28.8%	
8.	財力支撐	11	3.9%	
9.	其他因素	19	6.8%	
合計		281	100.0%	

後設分析結果，關鍵中的兩項最關鍵成功因素為：

1.市場顧客（出現 81 次，占 28.8% ）

2.產品價值（出現 62 次，占 22.1% ）

而其次四項重要因素依序如下：

1.人才團隊（出現 33 次，占 11.7% ）

2.制度管理（出現 26 次，占 9.3% ）

3.品牌形象（出現 23 次，占 8.2% ）

4.研發創新（出現 17 次，占 6.0% ）

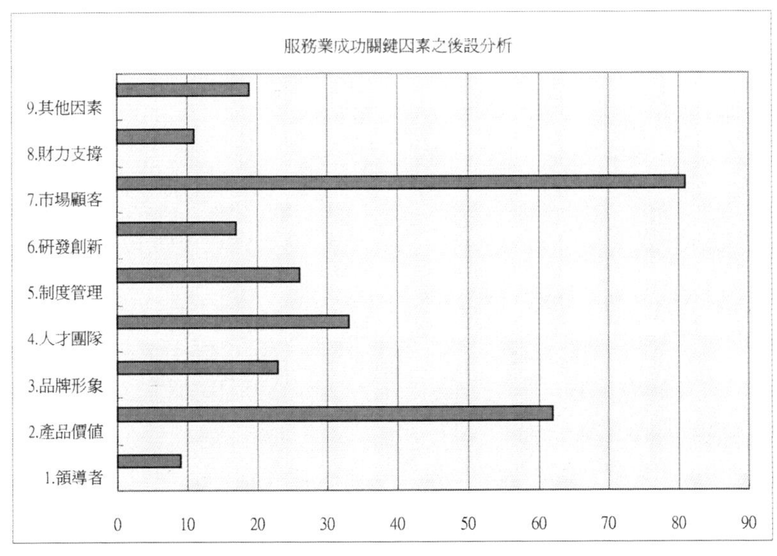

圖 2-5　台灣服務業關鍵成功因素的後設分析（1994 - 2003）

2.4.4 質疑：所引用的理論架構可能已經決定了研究結果？

這樣的後設分析結果似乎相當吻合一開始的初始架構，也不令人意外。因為在他們的研究所引用的多是西方理論架構（包括：企業功能部門、Porter 五力分析、PZB 服務品質模式...），所以結果歸類出來自然有此趨勢。但是有些因素構面的偏低，引發本研究之質疑：

「是否決定所引用的理論架構就早已決定了研究之結果？」

而這樣的質疑更強化了本研究之研究動機。因為至少在華人社會中及研究者的實踐經驗中，認為「領導者」對於組織成敗之影響應該不容被低估，而且在服務業不成熟市場中「天時、地利」的配合似乎也不能被忽視。但由於後設分析的學術嚴謹度並不足以提出這樣的觀點，頂多只能提醒這樣的反思；因此在本研究的後續系列中，將從實踐角度出發，以更嚴謹且獨特的方法，提出新觀點。

2.5 討論：更具「通則性」的台灣服務業關鍵成功因素

2.5.1 集合研究成果的研究：趨向「通則性」的 KSF 理論模式

本研究係透過整理與分析過往研究者所完成之研究成果，所進行的後設分析研究，便是試圖能夠找出服務業更具全面代表性的關鍵成功因素之理論模式，確實也找出了兩項關鍵中的「最關鍵因素」：「市場顧客」及「產品價值」，而次級的四項關鍵中的「關鍵因素」則依序為：「人才團隊」、「制度管理」、「品牌形象」、「研發創新」，如此一來，更有助於我們建構出更具「通則性」的服務業的關鍵成功因素。

2.5.2 研究限制與後續：進行「主位取向」質性探索與實證研究

本研究得到這樣的研究結果，同時也　發了質疑。近年來以驗證西方理論為主的「客位取向」（Etic approach）研究，在發揮階段性意義之後，是否也到了該要調整的階段了。以本土「主位取向」（Emic approach）的研究，應該開始起而繼之，開創出真正根植於「華人社會文化脈絡」下的「服務業關鍵成功因素」。

但本研究受限於後設分析之研究嚴謹度不足，雖是很好的研究起點，但卻並非是好的研究結論，頂多只能提出研究上所認為的「趨向」與「質疑」，之後有賴後續研究以更嚴謹的研究態度，藉由「江浙學派」重視實踐的「實學取向」精神出發，從「豐富實踐脈絡」的「主位取向」之「質化探索型研究」開始，再選擇量化的研究工具進行大規模實證研究，才能真正提出根植於「華人社會文化脈絡」下的「服務業關鍵成功因素」。

3.方法論：「江浙學派」的實踐取向研究方法

3.1 導論：江浙學派的現代意義

3.1.1 歷史脈絡：宋室南移與近代中國地域性學派的興起

中國文化思想的發展史上，在董仲舒的倡議下，從漢武帝「獨尊儒術」開始，確立了儒家思想對中國文化影響的主導地位；但是經過魏、晉、南北朝、隋、唐、五代十國的歷程中，有兩個階段的天下大亂，以及中間隋唐盛世對佛教的重視，使得儒家的領導地位稍有失落。一直到宋朝的北宋四子（周濂溪、張載、程頤、程顥）及南宋四家（朱熹、陸九淵、呂祖謙、張栻）的努力，才又再次確立了儒家在宋、元、明、清四朝的領導地位，並成為融合佛、道的改良式「新儒學」（又稱：宋明理學）。

宋欽宗靖康二年（1127），隨著北方金人南下，直擄徽、欽二宗北去，北宋亡，徽宗之子康王於南京即位為高宗，開始了南宋，定都於臨安（浙江杭縣）；隨著宋室的南移與偏安江南，南宋在中國歷史上更重要的意義，在於改變了先秦至北宋以來以黃河流域為中心的中國文化重心亦跟著南移；相對於北方中原是由金人所統治，而南京、蘇州、杭州等江浙一帶就成為中國文化的新中心，一方面再結合南方各地域性的地方特色，逐漸的形成南宋以後三大地域性「知識社群」（學派）：江浙學派、湖湘學派、嶺南學派。

3.1.2 江浙學派：陳亮的「永康學派」與葉適的「永嘉學派」

江浙一帶從南宋以後，成為中國文化思想的中心，其實江浙學派只是後世的一個統稱，是由江浙一帶數個以城市為中心的地方學派所組成，而他們的共同特色是都強調「實學」，亦被稱為事功學派，比較著名的有以陳亮為首的「永康學派」，以及以葉適為首的

「永嘉（溫州）學派」，只是當時在兩千年的傳統思想主流下遭到了相當的壓抑。

陳亮的「永康學派」：人欲之各得、義利之雙行、王霸之並用

陳亮（1143-1194，享壽 55 歲），字同甫，南宋浙江永康人，為「永康學派」之首，他排斥孔、孟以來所強調的天理的超現實性，主張天理統一於人欲，認為天理正從人欲中見，而人欲恰到好處即天理，天理正是對人欲的調節機制，生理之欲與道德之欲的有機結合，便是恰到好處；這即是以正面的角度來看待的自程朱以來的宋儒所急欲去除的「人欲」（即現今我們所研究之「動機」），並強調：「人欲之各得，即天理之大同」。陳亮所關切的學問以務實的「經濟事功」為主，反對高談「道德性命」，認為：功業能夠成就，就是有德，事情能夠辦妥，就是有理。並且強調義利雙行、王霸並用，這與孔、孟以來的儒家「重義輕利」的思想不同；他反對當時朝廷偏安的心態，主張要「作大事、立大功」，他曾經數度上疏孝宗皇帝（1171），說：

> 有非常之人，才可以建立非常之功，要想建立非常之功，而用常人，那是絕對不能成功的。秦檜倡導和議，誤國二十年…

像這樣「人欲恰到好處即天理」的思想學說，與陸王心學的「心即是理」，以及程朱的「性即是理」等「滅人欲而存天理」主張大相徑庭，這樣的學說在當時也算是單挑孔、孟以來的學術主流，所以被稱為「事功學派」，在當時遭受各種批評，致使陳亮本人縱然才氣橫秋，但亦然一生坎坷，甚至一直到民國時期的錢穆先生於《宋明理學概述》中，亦評論他是：「陳亮自有曲飾處，他制行不檢，屢蒙奇禍，不該推諉說是中了無須之禍。」全祖望亦評他：「其學更粗莽掄魁，晚節有慚德」。

陳亮故非完人，但他所大膽引領像這樣「崇實黜虛」的務實思想路線，勇敢挑戰當時「宋明理學」的強勢主流，卻已經讓傳統四書五經的儒家思想，從原本重視實踐的「倫理學」這樣「應然」的角度，更有機會發展到更接近於西方現代學術分類下的「社會學、心理學、管理學及經濟學」等重視「實然」的角度，而且更重視實踐精神。

葉適的「永嘉（溫州）學派」：經制之學、通經致用

另外還有以葉適（1178-1213，享壽64歲）為首的「永嘉（溫州）學派」，強調經制之學，更重視要如何去實際的經營民生。對於理學大師陸九淵由《大學》及《中庸》所衍生的心學一派，主張格物、致知、誠意、正心那套哲學，及朱熹所強調的居敬其心以「滅人欲」，窮究事理而「存天理」等主張，永康的陳亮早就批評過了，葉適繼起而攻擊之，他說：

> 這些人只是以「觀心」和「空寂」來名其學，每天但正襟危坐，端視垂拱，不能有所論結，卻自稱「道就在這裏了」。

南宋浙東的永康與永嘉兩個學派，先後反對「空疏、煩瑣」的朱陸理學，主張事功，言「經制之學」，陳亮盡畢生之力去批判與爭辯，而葉適則致力建立起一套完整的理論體系，取得足以與朱陸兩派鼎足而立的條件。葉適認為必須要「貫穿古今，通經致用」，才是向儒家「道之本統」的回歸，提出了一套較為客觀的標準來檢視學習，認為「通經」之學必須要能「致用」，如此方才對得起古聖先賢之言；若只是流於空疏，往往只會陷入主觀的臆說，恐怕雖有致用之志，而無致用之術。因此致用的程度便成了衡量通經程度的客觀尺度，這便是著重實用價值的具體表現。

3.1.3 江浙學派的近代發展與現代實踐取向觀點應用

明、清兩朝江浙學派的沒落與明、清之際的反省力量

根據清初的《宋元學案》中描述永嘉學派曾經是與朱、陸兩學鼎足而立的學派，只可惜傳承到宋元之際就斷裂了，尤其在明成祖永樂 19 年（1421）遷都燕京（北京）之後，明、清兩朝的中央官學對主流學術思想的控制力量強大，後來的讀書人也多以狀元及第為主要之學習目的，而且黨同伐異，勢應利求。直到明朝中葉陸學派的王陽明（浙江餘姚 1472-1528）在歷經諸多災難之後的「龍場之悟」，方才領悟出「知行合一」的力行哲學，才又重回到孔孟儒學的實踐精神取向，雖然他還是主張「存天理，去人欲」，但在他三度領兵平亂之後，亦感歎：

> 破山中賊易，破心中賊難。

而明清之際，在滿清入關的異族統治下，黃宗羲（浙江餘姚 1610-1695）、顧炎武（江蘇昆山 1613-1682）等思想家才又再度起而反省。另外還有湖湘的王夫之（湖南衡陽 1619-1692）希望回歸張橫渠（張載）之正學，貶陸王、批程朱，反對「以理殺人」，亦主張「天理即在人欲中」，並且認為有一股超乎人意志的「勢」在驅動歷史，並以「六經責我開生面」的壯志，要「獨握天書，以爭剝復」，以及北方的　元（河北博野 1635-1704）反對一味的靜坐內省，而脫離實用，強調具體事務的實踐對獲取正確知識的重要性（即實踐的認識論），認為純粹由書本得來的知識靠不住。他肯定功利價值的「經世思想」：

> 如天不廢予，將以七字富天下：墾荒、均田、興水利。以六字強天下：人皆兵、官皆將。以九字安天下：舉人材、正大經、興禮樂。s

方以智（安徽桐城 1611-1671）更進一步偏重發展科學技術，希望借西學幫助傳統儒學邁向現代化，他所著的「物理小識」內容包括：天文、曆算、氣象、占候、醫藥、飲食、衣服、器用、草木、鳥獸...。強調要「藏虛於實」，強化了「道德歸道德，知識歸知識」的新思維路線。

鴉片戰爭後西學的衝擊與近代永嘉學派的再興起

到了晚清時期，受到史無前例的西方列強不斷進逼，南方更有「太平天國」(1850-1865）勢力，而主張「經世致用」的「湖湘學派」，更在曾國藩、李鴻章、左宗棠等人的趁勢崛起之下，而縱橫於南方各省，甚至入主京師、更遠征平定了新疆。在鴉片戰爭之前，由於廣州是沿海唯一的通商口岸，因此「嶺南學派」亦成了接受西方學術的主要門戶，也是民主革命等西方現代化政經制度的催生地。

相對於湖湘與嶺南學派的傑出表現，而江浙一帶的沿海城市卻在清初數十年的「海禁」與「遷界」政策下而產生了相當大的停滯與倒退，但隨著西方列強敲開的海權時代，才又使得江浙沿海再現生機。上海在清康熙二十四年（1685）設立海關時只有二十萬人口，而在鴉片戰爭（1840）後，上海成為長江三角洲及整個長江流域最重要的對外通商口岸，經濟及交通帶來了繁榮，並使上海逐漸變成一個工商業中心的半殖民地、半封建性的城市。隨著西方的船堅炮利、商業人士及傳教士所帶來的西學，衝擊著五千年的中國傳統文化思想，江浙沿海城市便首當其衝。

晚清的鴉片戰爭，西方的船堅炮利一舉轟垮了唐宋八大家以來的知識系譜所壟斷的中國文化主流，中國門戶大開，西學大舉進入，當文化思想的主流失去制約力量的時候，其實也是一些原本在歷史上曾經消失的旁系支流傳統有了重新浮現的機會。道光年間，孫希旦、孫鏘鳴、孫依言、孫詒讓、宋恕、陳虬、陳黻宸等溫州知識份子，不斷的努力使溫州地區永嘉學風能夠重光。

孫希旦首先發出「永嘉先生之風微矣！」的感歎，並大力鼓吹復興區域文化傳統，孫依言、孫鏘鳴兄弟以雄厚的社會資本復興永嘉學，孫依言編錄《甌海軼聞》58 卷，詳述宋代永嘉學派，孫鏘鳴撰寫《陳文節公年譜》、《周行己年譜考略》；孫依言在孫詒讓協助下刊印《永嘉叢書》，收錄溫州歷代文獻 13 種，自北宋末期程學南傳開始到南宋中期陳傅良、葉適的永嘉學派全盛時期；孫詒讓更歷時八年才編撰完成《溫州經籍志》36 卷，著錄溫州六縣 1300 多位作家。

孫詒讓除了在地方學術上的貢獻之外，更身體力行實業救國，是溫州近代著名的企業管理者；1904 年組織富強礦物公司，開採永嘉一帶的鉛礦，同年又創立東甌通利公司、大新輪船股份公司，經營溫州至上海的沿海航線；又創辦人力車公司，經營溫州市內的交通事業，1905 年擔任江浙漁業公司副總經理，同年 8 月被推舉為李安商會總理。像孫詒讓這樣親身參與實業開發的學者，既能馳騁商場，又能縱橫書海，可算是近代中國知識份子的一大突變，而著重事功的永嘉學派實學思想，正是重要的文化土壤。

同治年間，孫鏘鳴在上海「龍門書院」主講時指出：在批判、改造理學時，又要吸收西方的科學知識，這才是「真理學」。陳黻宸主張中國傳統文化可以藉由西方文明的挑戰而再度吸收新血，他反對一味的丟棄六經的傳統思想，儒家的真精神只是在傳承中發生了偏差，他認為六經好比歐洲的孟德斯鳩、盧梭之書：

夫讀孔孟之書，而仍歸於無用者，吾未見其獨孟德斯鳩、伯倫知理、盧梭之書，而驟可以用也。抑果知孟德斯鳩、伯倫

知理、盧梭之書之有用，而即可知孔孟之書之有用矣。《經術大同論，陳黻宸集》

陳黻宸將南宋葉適所主張「貫穿古今，通經致用」的永嘉思想靈魂，再加入西學的融會，而成為「融會中西，貫穿古今，通經致用」，也成了近代永嘉思想新的具體形式。

江浙學派的發展現況與肩負的歷史任務

以上海為中心的長江三角洲已成中國經濟發展命脈之重鎮，有別於湖湘學派的治國儒將，與嶺南的全盤西化革新，江浙一帶尤其濃厚的商業環境氣息，加上中國歷史文化的涵養，又同時與世界接軌，江浙學派更有可能「融會中西、貫穿古今、通經致用」，真正做到「縱橫書海、馳騁商場」的「現代儒商」。在改革開放以來，江浙一帶已經再度繁華，上海更是東方之珠，世界人文薈萃，冠蓋雲集，更應該藉由經濟的發展帶動學術及教育的開展，一方面既可以恢復中國文化往昔的璀璨，進而帶動全國新的實踐科學典範；另一方面更可作為中國傳統學術文化輸出到全世界的基地。

3.1.4 對話：西方的行動科學與實踐取向的詮釋學

相對於中國的傳統文化，西方亦有豐厚的的哲學思想傳承，除了在現代化科學在理論與技術方面的重視以外，在實踐的智慧方面也一直有著深層的探討，我們可藉由中西學術上的對話來反思自己的傳統文化。

亞裏斯多德的實踐智慧（phronesis）

在西方思想史上，最早揭櫫實踐哲學的起源，是古希臘的亞里斯多德所提及的「實踐智慧」（phronesis），用以來與純粹科學或存純粹技術區隔，他將人類的活動與行為分為兩類（洪漢鼎，2002）：

一類是指向活動和行為以外的目的的或本身不完成目的的活動和行為；一類是本身即是目的的或包含完成目的在內的活動和行為。第一種是指活動或行為本身只是追求目的的一種手段或方法，而第二種則是指完成活動本身就是主要目的，這就是所謂的「實踐」，是先基於某種理念，而想去實現或完成他所認同的這個理念，也就是「先知而後行」的一個過程。

當代實踐取向的詮釋學

詮釋學（Hermeneutik）這個名詞，最早是出自於希臘神話的諸神中一位名叫赫爾默斯（Hermes）的「信使」的名字，專門傳遞奧林匹亞山上諸神的資訊給人世間的凡人，但因為神的語言與人間的語言不同，所以他還必須要翻譯和解釋神的旨意給人們；於是最早的詮釋學就是在作聖經語言的轉換，但是在歷史上經過三次的大轉向（洪漢鼎，2002）：第一次轉向是由聖經的特殊詮釋學到普遍的詮釋學，第二次則是由方法論詮釋學轉向到本體論詮釋學，第三次則是從本體論哲學的詮釋學轉向到實踐哲學的詮釋學。

經過這三次的大轉向，分別形成了六種詮釋學的形式（洪漢鼎，2002）：

(1)作為聖經注釋理論的詮釋學

(2)作為與文學方法論的詮釋學

(3)作為理解和解釋科學或藝術的詮釋學

(4)作為人文科學普遍方法論的詮釋學

(5)作為此在和存在理解現象學的詮釋學

(6)作為實踐哲學的詮釋學

其中「當代詮釋學」，最新的發展是成為可以進行「理論」與「實踐」雙重任務的詮釋學，也就是「實踐哲學」的哲學。而哈伯瑪斯早在 1963 年即發表了一部《理論與實踐》的哲學論文集，伽達默爾（1981）在《科學時代的理性》中說：「詮釋學是哲學，是作為實踐哲學的哲學。」這樣的詮釋學既不是純粹理論的知識，也不能光只是應用技術的方法，必須能夠成為同時融合理論與實踐這兩項任務的一種哲學，這樣的實踐哲學就又回歸到最早亞裏斯多德的「實踐智慧」（phronesis）那個核心。

行動科學與行動研究

「行動科學」是 John Dewey 與 Kurt Lewin 兩人學說的發展（Argyris，Putnam & Smith，1985），Dewey 因為將「知識」與「行動」分家而招致許多批評，但也因此而聞名，他致力於建立一「探究理論」，作為「科學方法」和「社會實踐」的模式，但是後來的大多數研究者，都選擇運用「自然科學」的模式，所以使得「科學」與「實踐」之間一直變成是分離的。Argyris，Putnam & Smith（1985）認為：這該會令 Dewey 感到遺憾；社會科學的主流派是社會實踐如同自然科學如何看待工程學一樣，這和 Dewey 的想法極為相左。

另外一位致力追求「科學」與「實踐」整合的是 Lewin，他是「團體動力」及「行動研究」的先驅者（Argyris，Putnam & Smith，1985）；而「行動研究」這個名詞，最早可以追溯到 1946 年的美國，社會心理學家勒溫（Kurt Lewin）在一篇名為「行動研究與少數民族問題」的文章中，開始探討行動研究運用在社會科學中的重要性，並且強調行動研究是可以有效解決社會問題重要的方法。

簡單的說「行動研究」在我的理解中研究這兩個字可以拿掉，它就是一種行動，然而在這個行動的過程不斷去針對行動的目的、方法及結果進行檢討、修正與形成新的行動，並在最後對這整個行動的過程記錄，整理成一種可以分享與實踐的知識（夏林清，應心小站)。若就這個觀點來看，是特別強調行動，而在行動的過程中取得知識的一種「先行而後知」的歷程。

在英國的行動研究強調的不只是「實務」，更強調的是「實踐」，Bath 大學的 McNiff、Lomax & Whitehead（1996）說明：行動研究就是一種「實務工作者研究」(Practitioner Research）的型態，也就是經由研究者個人進入到自己的實務工作崗位來完成研究；所以，所謂「實務工作者」常常強調的是行動，但卻不常去詢問行動本身的動機，而「行動研究者」則強調的是「實踐」(Praxis）的精神，而不只是「實務」(Practice）上的投入工作；因為實踐必須是「知其然」地投入行動，並且著重的是「獲致知識」，而不只是一個成功的行動而已，更須要清楚的「知其所以然」，這樣就比較接近「知行並進」了。

英國洛克古典經驗主義傳統的行動學習

十七世紀英國的洛克所帶動的古典經驗主義，即認為實際的經驗才是溝通與學習的重要基礎；而且在歐洲各國的學術傳統中，一直都有著深厚的行動概念，包括德國的「行動科學」(Action Science）傳統，以及英國的「行動學習」(Action Learning）等，其中由英國「行動學習之父」瑞文斯（Revans, R.；1907-2004）所創的行動學習，是根源於二次大戰後，他在比利時協助戰後的煤礦業復建時(徐聯恩譯，1993，p.190)，由於面臨了人力及人才都短缺的情況，甚至連瑞文斯本人也都不曾有過經營煤礦業的經驗，他們卻必須迅速的開展工作；於是瑞文斯就以為數極少的資深老礦工為基礎，一邊展開摸索的學習，一邊發展出一整套適用於探索性學習的行動學習，以解決一系列接踵而來的問題，而且強調的是必須「在行動中學習」(Learning by doing)。

行動學習認為：人們在實際工作中，透過相互討論的團體學習，以解決模糊不清、風險與機會兼具的實務問題，是促使人們不斷成長的最好方法（黃鴻程與廖勇凱，2003；黃雲龍與徐嘉譯，2001）；而個人與組織發展的歷程，就成了一個問題解決問題（Problem Solving）的過程，並形成一條「P-S 圖」（其中 P 為遭遇的問題，S 為解決方案）。

英國「行動學習法國際協會」的秘書長 Krystyna Weinstein（2001）定義行動學習法為一種歷程，奠基於對個人潛力的信心；這是一種藉由花時間提出問題、深思、反省、增加對問題的洞悉、及考量未來的行動等方式，從我們的行動及周遭發生的事件中學習的方法。Weinstein 也是瑞文斯的追隨者，他更引用了中國荀子的話來說明實際行動在學習的重要性（2001）：

荀子曰：「聞不若見，見不若知，知不若行」

（I hear and I forget…I see and I remember…I do and I understand.）

就像 Minzberger 所說：認知學習頂多能造就出一個經理人，卻無法讓人學會游泳。如果游泳教練從不把學游泳的人帶出課堂，讓他接觸水，並對他的表現給予回饋，那麼這個學游泳的人第一次下水就會溺水。任何一個受過管理訓練的人都會告訴你，對於那些必須在真實世界中做決策的人來說，單靠課程講授和紙上談兵並不足以發展自我。

3.2 方法論：「先質性探索 後量化驗証」的實踐研究取向

「理論必須能夠指導實踐，而實踐是檢驗真理的唯一標準！」當今的中國更是一個重視社會實踐精神的文化，加上現在已經是講求科學的時代，當今中國也必須在尋求融合「實踐」與「科學」的精神上，找到一條道路；而南宋以來的江浙學派算是中國歷史上最重視實踐精神的知識社群之一，是可以由此找到一條開展「中國實踐科學」的可能道路。

3.2.1 江浙學派實踐取向的「知識與本體論」立場

相對於在國外所發展出來的學術研究與理論之探索，總不時覺得缺少了那一份親近之感，雖然當今西方的學術相當程度的刺激了我們的改變，但卻也使得我們忽視了中國五千年文化所遺留下來的研究價值與經制智慧，本研究就是以融合中西方的學術方法，並以中國的歷史經驗及西方學術成果作為研究題材，這樣亦符合了江浙的永嘉（溫州）學派「融會中西、學貫古今、通經致用」的格言。

中國傳統學術在「本體論與認識論」的立場上，有其「不可等量齊觀」與「整體不可分割性」的兩大「渾沌」特質存在，以及體用並立的實踐精神。所以中國思想通常具有一個整體的渾沌性，並不著重於將其分割或比較，不同脈絡來的知識是可以相互共存、彼此融合，甚至是共同呈現的一種特質，而且難以分辨彼此，但都有幾分神似，這樣也符合了「後現代」研究的特質；這樣的渾沌融合特色亦反映在中餐的大鍋炒與西餐的分別陳列之差異，雖然這樣的中國文化有時被批判為「醬缸文化」，但其實這便是中國文化別有風味之處，也正是賴此而在全世界人類發展史上奇蹟式的傳承了五千年不斷。

所以本研究也不打算將各個學派之間或中西學術之間作明顯的切割或化約式的比較，強調的是不同學術脈絡所生產出來的知識的融合，是盡可能的從我們自己的歷史經驗中，擷取先賢們的智慧，再從西方學術的知識庫中找材料，並且試圖應用於現代的學術及實踐科學的發展，這也正符合了「江浙學派」的學術傳統延續，也讓本研究真正成為著重實踐精神的「實學」。

如同詮釋學的實踐哲學一樣，永康陳亮所提倡的「經濟事功」務實學問，就是反對高談而無法實踐的「道德性命說」，並且認為：「功業能夠成就，就是有德，事情能夠辦妥，就是有理」。所以「實踐的知識論」立場必須堅持：一切的知識與理論都必須包含可以實踐的可能與其應用價值，而且要屏除那些脫離實踐脈絡的知識、理論或號稱為真理的信仰。

在知識的本體上，反對學術上的絕對主義，因為在各種不同時空背景及現實條件下，實踐的脈絡是具有多元可能性的，所以「實踐的本體論」立場主張：所謂可實踐的「真理標準」可能只是時空條件下「片刻的偶然」，一些號稱所謂絕對客觀的理論或知識，有時卻可能因為情境的稍有差異而反倒變得行不通了；尤其在大歷史的經驗下，有太多的「昨是今非」或「昨非今是」的大逆轉，試問：我們如何以今日的是非觀來評斷過去與未來的千秋大是大非？甚至是在前一刻或下一刻都可能會有「塞翁失馬，焉知非福」的突然轉變，所以充其量也只能說「此時此刻」還算是對的。而且既然支援這樣「片刻偶然」的本體論立場，自然也就不會把這樣的本體論立場奉為「唯一圭臬」。

而且在中國南宋以來的江浙學派，一直是在所謂的傳統文化知識的主流壓抑之下成長，所以更認為沒有所謂絕對的知識主流，尤其是反對那些會排擠其他知識發展可能性的強勢主流，應該支援像費耶阿本德的「什麼都行（anything going）！」，學術上要回到就好像先秦時代的九流十家一樣學術思想多元奔放，這樣才會不斷有源源不絕、持續進步的原動力。

3.2.2 通經致用：「實踐的實證主義」方法論

至於實踐取向的知識取得方法論，係採用永嘉學派葉適的「通經致用」格言，主張「先知而後行」的實踐歷程，必須先進行知識的搜尋與理解（通經），之後再致力於實踐的應用（致用），而知識的搜尋來源則必須「融會中西，貫穿古今」，因此對於即將要進行實踐的事情，要先下功夫對古、今、中、外的相關知識作廣泛的搜尋，並且加以融會貫通，在知識通曉之後而實踐力行之，以實證其所學或所認定的知識是真實不虛的，或者透過實踐過程中的修正，來改善原本所認知的知識架構。

在實證主義上「通經致用」的意義，在於主張「先知而後行」的實踐歷程，與所謂「客觀的實證主義」有所不同的，是「實踐的實證主義」更重視的是實踐脈絡下真實的情境條件，如此才能真正創造出可實踐的知識，並且透過實踐來驗證或修正之；本研究根據整理出一個江浙學派「通經致用：實踐的實證主義」知識取得與實踐的歷程架構（如圖 3-1）。

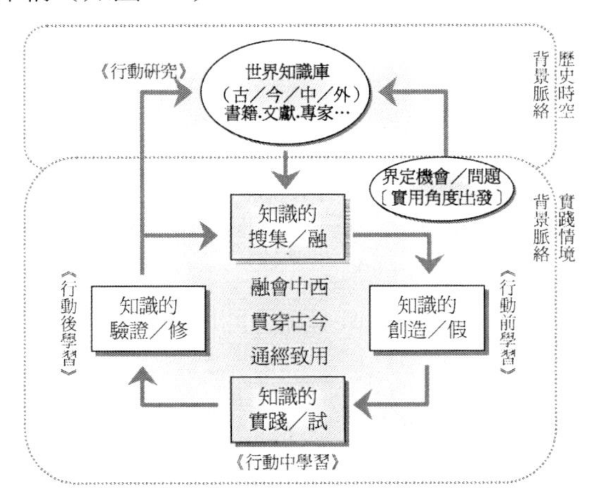

圖 3-1 江浙學派「通經致用：實踐的實證主義」知識與實踐的歷程架構

就以上的歷程架構中，必須從「實踐情境背景脈絡」下的「實用角度出發」，首先「界定機會／問題」，然後進入整個「世界知識庫」(含：古、今、中、外，包括：書籍、文獻及專家...)的範圍進行「知識的搜集／融會」，再考量到「歷史時空背景脈絡」與「實踐情境背景脈絡」的差異下，融會貫通之後提出「知識的創造／假設」，並進行「知識的實踐／試驗」，同時也正是在進行「知識的驗證／修正」，這樣的實踐經驗也會再融會進入個人的知識經驗之中。

而個人在整個實踐行動中的自我學習，包括了「行動前學習、行動中學習、行動後學習」三個階段，而且在三個階段的學習與實踐完成之後，要將整個實際經驗歷程加以完整紀錄(包含情境脈絡)與整理發表，這也就是「行動研究」，並藉此再貢獻於整個世界的知識庫。

企業實踐研究：縱橫書海、馳騁商場的現代儒商

若依照「通經致用」的格言來看，研究學習本身就必須是為了實踐，所以不該再有學術與實踐分家的窘境，從小長輩對我們的期許就是「要會讀書，又要會做事」。因此一位好的教育學習研究者，就應該也是一位好的教育實踐者，而一位好的企業管理學習研究者，也必須是一位好的企業經營實踐者，所以要做到既是優秀的讀書人，也是成功的企業經營者，要真正成為一個能夠「縱橫書海、馳騁商場」的「現代儒商」，所以有必要依照江浙學派獨特的思想傳承經驗，與特殊的發展情境脈絡，進而發展成一套「企業實踐研究」的實踐與知識體系，以供企業實踐學習者的應用。

3.2.3「先質性探索　後量化驗證」的實踐研究取向

本研究便是基於以上著重實踐精神的「江浙學派」實學取向所進行的研究，所以在本研究後續的進行，將是依照前一章所進行中

西學術探討之基礎，先針對本土的實踐專家（服務業十年經驗或經理／店長級以上者），進行一系列包括「深度訪談」與「焦點團體」並用的「質性探索研究」，以便先行取得本土取向的觀點、因素與面向。

如此可以不受限於既有學術研究之框限，大膽的發展具有本土實踐取向精神的創新概念。然而這樣的質性探索研究的主觀性容易遭致批判，於是本研究再以這樣質性研究的成果進行「量化驗證」，以避免研究的客觀性受到質疑，包括「結構方程模式」的「驗證型因素分析」與「模型路徑檢驗」。

像這樣的「先質性探索 後量化驗證」的研究程式，便是本研究所積極主張與進行的「實踐取向研究方法」。

4.主位取向的質性探索研究：由本土實踐專家所建構的服務業 KSF

4.1 導論：豐富本土實踐脈絡的服務業關鍵成功因素

本研究著重於由具有本土服務業豐富實踐經驗的專家，來建構服務業的關鍵成功因素。有別於一般驗證西方理論或修正西方理論的學術研究，本研究將採用西方嚴謹的探索型質性研究方法，由具有豐富本土實踐經驗的專家，來開展豐富本土實踐脈絡的服務業關鍵成功因素。

4.1.1 研究背景與脈絡：研究思考轉折過程與主題意識的形成

研究背景：服務業關鍵成功因素之研究

根據研究者先前針對 32 篇台灣服務業關鍵成功因素的後設分析顯示，主要研究之產業為：消費者服務業（55%）、資訊服務業（25%）、生產者服務業（11%）及公共服務業（8%）。目前普遍的六個服務業最主要的關鍵成功因素依序分別為：市場顧客（28.8%）、產品價值（22.1%）、人才團隊（11.7%）、制度管理（9.3%）、品牌形象（8.2%）、研發創新（6.0%）。

研究脈絡：研究思考轉折過程與研究主題意識的形成

而這樣的後設分析結果似乎相當吻合其初始架構（包括：企業功能部門、Porter 五力分析、PZB 服務品質模式...），這樣的研究成果引發了本研究之質疑：是否理論架構就早已決定了研究之結果？而所謂的服務業關鍵成功因素不過就是生產、行銷、人力資源、研發、財務...等企業功能的健全，因為這樣的研究結果似乎只有告訴我們：「管理學第一章是對的！」。

本研究基於以下的質疑成為本研究之研究動機：

(1)西方學術理論的建構過程中並未有中國企業的樣本，所以不一定適用於中國的企業。

(2)如果一開始就先套用西方的相關學術理論，再加以驗證或修正的研究模式，可能陷入研究的謬誤。

(3)實踐取向觀點可能與學術取向觀點有所出入。

這樣的質疑與思考轉折過程，形成了本研究的主題意識：由本土實踐專家所建構的服務業關鍵成功因素。

4.1.2 研究主題與目的：由本土實踐專家所建構服務業 KSF

本研究題目定為：「主位取向的質性探索研究：由本土實踐專家所建構的服務業關鍵成功因素」。而本研究訂定這樣的主題系基於以下的研究特質：

(1)是本土的主位取向（Emic）之研究。

(2)是實踐專家的建構之研究。

(3)是探索型的質化研究。

主要是由豐富本土實踐經驗的專家所展開的一種探索型質性研究，而本研究之目的是希望能夠達到以下的期許：

(1)找出更貼近本土經驗的服務業關鍵成功因素。

(2)找出更具實踐可能的服務業關鍵成功因素。

(3)找出不一樣或被遺漏的服務業關鍵成功因素。

4.2 文獻：中國古典文獻及西方學術文獻

4.2.1 西方學術文獻：服務業關鍵成功因素

首先定義所謂的服務業，也就是「提供服務的行業」，但服務業又呈現非常廣泛的「多樣性」，包括有客運、航空、銀行、保險、電信、餐飲、美容美髮、零售連鎖店、教育事業……等，都可說是服務業。而本研究所指服務業之產業細分主要為四大類：

(1)消費者服務業：

直接以消費者為對象的服務業（相當於 B2C）。

(2)生產者服務業：

以企業組織為對象的服務業（相當於 B2B）。

(3)資訊服務業：

以資訊網路為主的服務業（相當於 online 服務）。

(4)公共服務業：

屬於政府或非營利事業部門的服務業（相當於 P2C）。

綜合諸多學者的看法，本研究定義「關鍵成功因素」（KSF）為：企業在競爭的環境中，獲致經營成功的關鍵因素。並且支持陳慶得（2001）根據以上各個學者之定義及相關文獻的歸納（Daniel,1961；Rockart, 1979；Ferguson and Dickison, 1982；Boynton and Zmud,1984；Aaker, 1988；Hofer and Schendle, 1987；吳思華，1988），認為關鍵成功因素具有以下之特性：

(1)關鍵成功因素會隨著時間改變。

(2)關鍵成功因素會因產業、產品與市場等研究對象的不同而有所差異。

(3)關鍵成功因素會隨著產品生命周期的變化而改變。

(4)關鍵成功因素應考慮未來的發展趨勢。

4.2.2 中國古典文獻：孫子兵法（孫臏）知己知彼而不殆

而中國古典文獻中對於服務業、關鍵成功因素的探討並不多見，但就流傳兩千年的兵書聖典《孫子兵法》始計第一裡面，就強調了衡量戰局勝負的五大「關鍵成功因素」為：道、天、地、將、法（說明：孫子並未使用「關鍵成功因素」這個名詞）：

(1)道者，令民於上同意，可與之死，可與之生，而不危也；

(2)天者，陰陽、寒暑、時制也；

(3)地者，遠近、險易、廣狹、死生也；

(4)將者，智、信、仁、勇、嚴也；

(5)法者，曲制、官道、主用也。

《孫子兵法》謀攻第三說「知勝之道」有五：

(1)知可以戰與不可以戰者勝，

(2)識眾寡之用者勝，

(3)上下同欲者勝，

(4)以虞待不虞者勝，

(5)將能而君不禦者勝。

並說：

知己知彼，百戰不貽；不知彼而知己，一勝一負；不知彼不知己，每戰必敗。

打仗是生死攸關的國家大事，而《孫子兵法》能在中國流傳兩千年，算是在歷朝歷代中相當經得起考驗的一部經書，正所謂商場如戰場，對於研究服務業關鍵成功因素而言，應該也有其可供參考之處，只是它少了產品、顧客等概念。

4.3 方法：豐富本土實踐脈絡的質性專家建構法

4.3.1 主位取向（Emic Approach)的本土型質性探索研究

黃敏萍（2002）在「組織行為在台灣：三十年回顧與展望學術研討會」中，所發表的一篇「華人社會之組織領導研究：從客位、跨文化比較、到主位之研究途徑」裡，歸納出國內的組織領導研究自 1977 到 2002 年間，經歷了「客位途徑」（Etic Approach）、「跨文化途徑」到「主位途徑」(Emic Approach)三個階段。劉兆明（1991）

亦將台灣對各組織行為議題的研究發展軌迹分為三個階段：「單純的驗證理論西方理論」、「對西方理論加以比較和修正」、以及「進行本土概念的建構」。然而，雖說發展的軌跡是三個階段，卻不代表此三個階段是互斥的（徐瑋伶、鄭伯壎，2002）。

「主位途徑」(Emic Approach)是一種「本土型研究」，是以該文化局內人的語彙，來描述該一特定的文化現象。比較著重從內在的角度出發來研究來描述種種的文化行為，具有比較多的原創探索性質，也比較擁有不受拘束的發揮空間，避免先入為主的研究謬誤；而「客位途徑」(Etic Approach）則是一種「移植型研究」，採局外人的觀點，引用其他文化研究的外來經驗，用來驗證另一個文化環境的適用性研究，著重於與其他相關文化模型的比較（如表4-1）。

表 4-1　主位與客位研究途徑的假設與方法

特點	主位／局內人觀點	客位／局外人觀點
基本假設與目標	從文化局內人的角度來描述行為，在構念上，追求自我理解（self-understandings）。	從具優勢地位之文化局外人的觀點來描述行為，追求文化普同性。
	將文化視為重要的影響要素	發展出來的特定行為模式是不受文化影響的。
典型的研究方法	採用豐富之質化研究形式，有系統地紀錄所進行之觀察，避免研究者之構念強加於其上。	聚焦在可以測量的特點（feature），在不同的文化場域中，可用類似的程式加以衡量。
	在一個場域或少數的幾個場域，進行長期而廣泛地觀察。	在一個以上的場域，通常是許多場域，進行焦點式的觀察。
典型研究例子	民族志的田野研究；參與觀察與面談。	多場域調查；進行主要變項的測量與橫切面的比較。
	對文本（text）進行內容分析，提供一個本土思考（indigenous thinking）的窗口。	將文化視為一種准實驗操控，以測量是否某些特定因素隨文化而變。

資料來源：鄭伯壎、鄭紀瑩、及周麗芳（1999）修正自 Morris, Leung, Ames, & Lickel（1999）

「主位途徑」(Emic Approach)典型的研究方法多採用豐富之質化研究形式，有系統地紀錄所進行之觀察，避免研究者之構念強加於其上。研究是比較屬於探索性的研究；鄭伯壎（2002）認為這兩種研究可以分別獨立開展，一直到研究末期後，再經由對話，予以整合（如圖 4-1）。

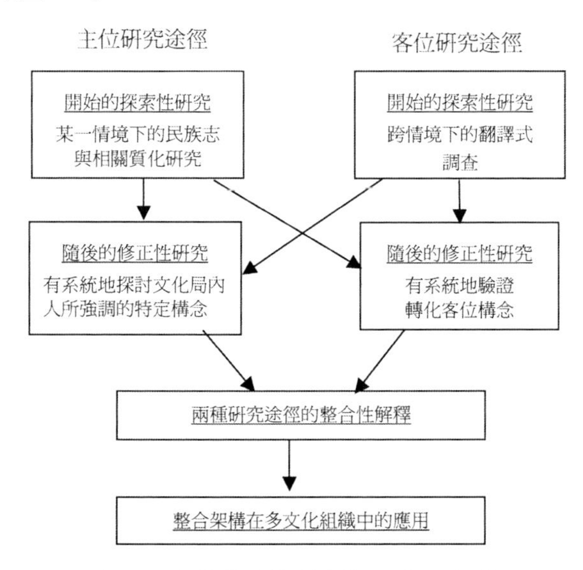

圖 4-1　主位與客位研究的相互取用歷程

（資料來源：修改自 Morris 等人，1999；鄭伯壎、鄭紀瑩、周麗芳，1999）

4.3.2 本土實踐專家之「深度訪談法」與「焦點團體法」

本研究選擇使用「深度訪談法」與「焦點團體法」配合，是針對本土實踐專家進行探索型的質性研究。目前在學術與實務上許多研究也將「深度訪談法」與「焦點團體法」混合使用，以便將二者所取得的資料交叉應用或進行比較分析，或者再配合「問卷調查法」再進行量化驗證。

本研究並採取「半結構式」的研究設計，一方面保留研究發展之彈性空間，另一方面避免訪談內容過於混雜而無法整理。所以在訪談進行中，除了依既有之訪談大綱進行之外，亦可適時依受訪者的話題興趣而稍作發揮，以便收集其獨特觀點之資料。

焦點團體法

所謂「焦點團體法」（Focus Groups Method）是一種團體討論的質性研究方法，典型的焦點團體討論是指將約 6-12 位元受訪者集合在一起，藉由共同討論及探索，從彼此討論與互動中分享各種看法及搜集意見（胡幼慧，1996）。而 Breet（1990）認為焦點團體法具有時間短、相對成本低、有彈性、較高之回復率並藉由團體的互動可激發思考等特性。

Gaskell（2000）則認為傳統的焦點團體討論會是由六到八位元之前互相不認識的人所組成，且在一個舒適的場所開會一至二小時，參與者與仲介者圍成圓圈坐著，因此每個人彼此都可以看到對方，當所有人都就位完畢後，仲介者的首要任務就是介紹他／她自己，以及團體會議的主題或想法。而在焦點團體法的應用方面，大部份也都是配合「問卷調查」或「訪談法」使用，以便更進一步將二者所獲得的資料進行比較或相互應用。

許多國外著名研究學者使用焦點團體法，Bruseberga & McDonagh（2002）整理如下：Martel，1998；Arnold et al.，1994；Nielsen，1997；Jordan，1994；Hone et alWilson and Callaghan，1994；Portor，1993；Zarean et al，1994；Savage et al.，1995；Blatt and Knutson ，1994；O'Donell et al，1991；MERCI，1997；Caplan，1990；Dolan et al，1995；Burns and Evans，2000；Fabius and Buur，2000。

表 4-2　受訪者資料表（N=24）

產業類別	分配人數	比例
消費者服務業	11	45.8%
資訊服務業	6	25.0%
生產者服務業	3	12.5%
公共服務業	4	16.7%
資料來源		
第一階段	個別訪談	P1～P4
	焦點團體一	P5～P7
第二階段	個別訪談	P8～P9
	焦點團體二	P10～P16
	焦點團體三	P17～P24

4.3.3 本土實踐專家之選取：十年經驗或經理／店長級以上

在本研究的探索歷程中，本土實踐專家被賦予了相當大的主導權，可針對相關議題進行深入的論述及具體的結論，並且作為台灣服務業實務界的意見之代表，以使得本研究所建構出來的模式能夠真正符合業界的需要。

本土實踐專家之選取

在選擇訪談對象及焦點團體時，必須以具有本土實踐經驗的資深實務界人士為主，其服務業相關資歷必須在十年以上，職位必須是在經理級以上，依比例所選出來的各類服務產業分類具有代表性的專家共計 24 人（其基本資料如表 4-2）。而由於本研究所選擇之專家人員皆為資深且專業之人選，故本研究假設其信度與效度皆為可接受之水準。

4.3.4 探索性質化研究之階段設計與研究資料處理

預備階段

本研究在設計完訪談大綱之後，先由研究者與訪員進行類比訪談，一方面修正訪談內容大綱，一方面作為訪員之「仲介者」訓練。為避免研究者對於訪談或焦點團體進行時之主導性太強，而由受訓之訪員扮演後續仲介者之角色。

第一階段

本研究在第一階段先依本研究之設計，針對 P1～P4 等四人進行了個別的深度訪談，並針對 P5～P7 等三人進行了一次「類比焦點團體」討論，分別進行了「未提示選項、提示選項（兩種）、開放式討論」等共四個單元，而後根據前七人之討論結果，進行訪談大綱之修正。

第二階段

在修正訪談大綱為「未提示選項、提示選項、理論模型建構討論」三個單元之後，原本預計針對 P8～P10 等三人進行個別的深度訪談，但在進行 P8、P9 的深度訪談時，及已發現第三個單元的「理論模型建構討論」實在不容易在個別訪談情況下進行，於是修正將 P10 並入 P11～P16 的焦點團體中成為七人之討論，並以 P17～P24 等八人再進行一次焦點團體討論。

資料處理分析階段

本研究使用 DV 器材錄音及錄影，將訪談內容以此方式紀錄，並轉為影片檔存檔。另參考 Hycner（1985）的資料分析流程，先將訪談內容轉為逐字稿，並整理出相關的意義單元，再群聚相關意義單元，為之命名；然後從已命名的群聚中決定構面因素之主題，最後再由各個「服務業關鍵成因素」呈現出具脈絡的理論模型。

4.3.5 半結構化的訪談大綱設計

為了避免訪談的內容過於混亂而難以整理，本研究設計為半結構式，分為未提示選項、提示選項、開放式問答三階段。一開始為提示選項是不想讓受訪者有先入為主的影響效應；而第二階段的提示選項部分，則是根據中西文獻的結果彙整而提出之選項，第三階段則是再以完全開放式的問答，來作為受訪者補充說明之機會。

在進行前測的過程中，發現若未事先請受訪者就成功因素的重要性排序的話，受訪者的給分往往會有「寬大效應」的出現，造成所評分數集中而不利區辯其間之差距，修改後之訪談大綱版本如下：

第一單元：未提示選項

(1)請問您，貴公司在這個產業之所以能夠成功的競爭優勢為何？

(2)依你目前的經驗，您個人認為服務業成功的關鍵因素有那些？

(3)現在，請您根據以上每個因素的重要性排序！

(4)再請您為這些因素分別打分數，將總分 10 分分配給這幾個因素！

(5)請針對一到三個關鍵中的關鍵因素各舉一個具體例子來說明！

第二單元：提示選項（文獻所歸納出之成功因素）

本研究根據文獻對於服務業關鍵成功因素的分析，顯示普遍的成功因素有以下六點：市場顧客、產品價值、人才團隊、制度管理、品牌形象、研發創新；請您根據每個因素的重要程度先排序，而後分別就 1~10 分打分數！

(1)請針對以上一到三個關鍵中的關鍵因素各舉一個具體例子來說明！

第三單元：提示選項（本研究所提出之成功因素）

(1)請問您認為服務業的領導者之重要性應該得幾分？原因為何？

(2)請問就您的經驗來看服務業的成功與天時（掌握正確的事業時機）、地利（在事業區域具有優勢）的掌握是否有關？其重要性應該得幾分？原因為何？

(3)請問您認為服務業的經營成功與「財力支撐」是否有關？其重要性應該得幾分？

(4)請問您認為服務業的經營成功與「瞭解競爭對手」是否有關？其重要性應該得幾分？

第四單元：開放式討論

(1)是否還有什麼成功的關鍵因素是我們沒有想到，您想要補充的？

4.4 結果：本土實踐專家對服務業關鍵成功因素之觀點

經由前面幾個章節的文獻收集及探討過後，此章節工作職責為：

(1)利用訪談法及焦點團體，找出在中高階主管心中，真正服務業關鍵成功因素。

(2)將先前所收集服務業關鍵成功因素的文獻彙整後，再將文獻所歸納的關鍵因素與具有實務經驗者所提出的關鍵因素作整合。

(3)再次利用訪談法及焦點團體，對於關鍵因素進行串聯，並依據不同觀點進行架構類比。

(4)依據第三階段的模型架構，進行簡化之動作，最後產生「服務業關鍵成功因素簡化之模型」。

下列三小節便是針對服務業關鍵成功因素模型架構之形成，作詳細的說明。

4.4.1 研究結果：本土實踐取向的服務業關鍵成功因素

第一階段之「深度訪談」(P1～P4)

➤步驟一：開放性訪談（在未提示下自由回答）

在此階段的深度訪談中，利用開放性的訪談大綱及第一階段訪談問卷（見附錄三），讓四位本土實踐專家的受訪者，在不經提示下按照自由意志回答出所認為的服務業關鍵成功因素；在此過程中，研究者並不會提示或暗示受訪者應回答出怎樣性質的答案。因此在這個階段，所提出的服務業關鍵成功因素，真是五花八門各式各樣的答案皆有，且研究者觀察出一現象就是似乎受訪者的答案是受到其服務業的性質及職務所影響，也就是說性質或職務相同者，他們回答出來的答案也較相同。

由於在此階段受訪者的答案大部份皆不相同，故在此便不作一一詳述；但唯一例外是有一個因素為四位受訪者都有提到的關鍵因素—領導者。(表 4-3 為四位受訪者所認為的服務業關鍵成功因素表)

表 4-3　受訪者所認為的服務業關鍵成功因素表

受訪者	服務業關鍵成功因素
P1	滿足顧客、經營者、行銷手段、優秀的人才
P2	領導者、產品、行銷
P3	最高階主管、商機、團隊、瞭解顧客需求、制度
P4	產品、員工認同感、團隊、領導人

➤步驟二：半結構性訪談（提示文獻所歸納之成功因素）

訪談進行的第二步驟，是藉由在前面幾個章節中，所收集到的文獻，經由歸納後，所列出幾項關鍵因素「人才團隊、市場顧客、制度管理、品牌形象、研發創新、產品價值」(按照筆劃大小排序)。為避免受訪者的「趨中效應」及「寬大效應」，本研究設計利用上述所提的關鍵因素製成訪談問卷表格（見附錄三)，讓其四位受訪者分別依據自己所認為的重要程度先進行強迫排序，然後再分別給予評分。

結果如圖 4-2：重要程度分數由大至小依序排列，分數最高者為市場顧客（8.75 分）、人才團隊（8.5 分）、產品價值（8 分）、品牌形象（7.5 分）、研發創新（7.25 分）、制度管理（6.25 分）。

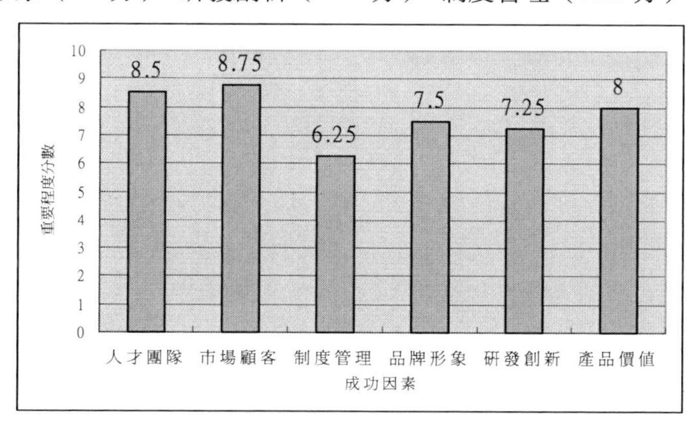

圖 4-2　受訪者評比文獻歸納的六大服務業關鍵因素

➤步驟三：半結構性訪談（提示本研究所提出之成功因素）

第三步驟是利用研究者本身從事服務業多年的經驗，以及《孫子兵法》等古典文獻，所歸納出幾項關鍵因素「瞭解競爭對手、天時、地利、財力支撐、領導者」（按照筆劃大小排序）。利用上述所提的關鍵因素製成訪談問卷表格（見附錄三），讓其四位受訪者分別依據自己所認為的重要程度進行排序、評分。

結果如圖 4-3：重要程度分數由大至小依序排列為：領導者（8.875 分）、瞭解競爭對手（8.25 分）、天時（6.75 分）、地利（6.25 分）、財力支撐（5.125 分）。

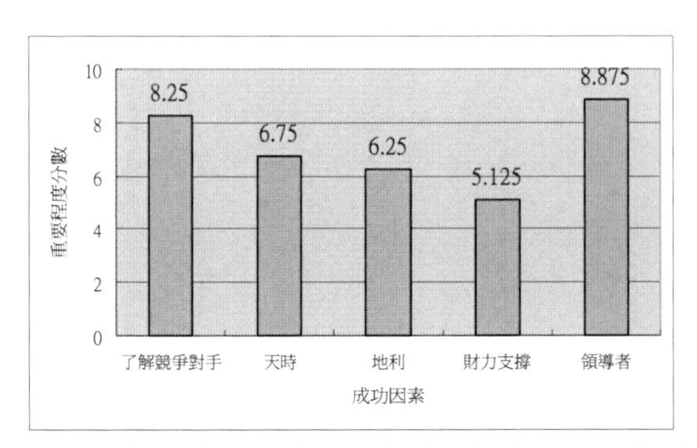

圖 4-3　受訪者評比研究者歸納的五大服務業關鍵因素

➤步驟四：開放式討論（受訪者的補充說明）

在做完前面三個步驟的訪談之後，研究者最後再引導受訪者說出對於服務業關鍵因素的觀感。對於這個問題 P1 看著研究者思考一會兒，緊接著說：「在說服務業關鍵因素前，我必須先對服務業下注解—服務業是人與人組成的事業」。接著我問 P1 為何你會下這種註解呢？P1 低頭一邊看著問卷一邊回答：「因為若無好的人才團隊是無法將其事業開枝散葉，且最主要的是人才團隊的好壞取決於領導者。最後只要顧客能滿意那也就代表著服務業的成功。」聽到 P1 所說的話後，便瞭解他所說的「服務業是人與人組成的事業」，因為他所說的領導者、人才團隊及顧客都指的是"人"，而且他還主張「第一線人員是直接接觸顧客的，應該也不容忽視」。

接著對於 P2 訪談，看得出來 P2 對於這次訪談十分興奮，一進來便開心且激動著說著他以前在某家服務產業所吃的苦及深刻的感受，並強調研究者訪問他絕對是不會有錯的。他說：「任何的因素都為其次，最重要的關鍵只有一個就是—領導者。因為領導者為重大事件的判決官，他絕對為公司成敗與否的關鍵因素」。

由於 P3 所做的排序可以觀察出來 P3 是個很嚴謹的人，因為他在表格上的字句清楚明瞭，且字都寫在表格的底線，回答的關鍵因素也是最多的，於是研究者在訪談 P3 時，就直接利用 P3 在問卷上的答案發問。我問他對於自己所寫的關鍵因素，有沒有一些獨特的見解。P3 看著問卷思考很久，過了一下子他緩緩的抬起頭，眉頭稍為皺了起來，直視著研究者的眼睛，開口說：「嗯~我並沒有什麼獨特的見解，但有些拙見」。緊接著又說：「第一、最高階主管—他所做所為及處事風格會深深的影響企業文化及制度。第二、商機—好的經營者需要有好的舞臺，才能讓其發揮所長優勢。第三、團隊及第四、制度—好的人才團隊會建立好的管理制度。第五、瞭解顧客需求—瞭解顧客所期待的需求後，知道需求便可以滿足需求既而提升顧客對於產品的滿意度。由以上的說明，便可得知為何視為關鍵。」P3 的回答讓我更肯定先前對於他的觀察，果然是個很嚴謹的人，連回答都如此的簡潔有力。

最後一位訪談者是 P4，他對於服務業的感覺似乎沒有先前幾位訪談者這麼深刻，而對於研究者所發問的問題，他也只是回答十分的簡短，唯一令研究者比較印象深刻的是在對於關鍵因素的陳述，P4 與 P2 的回答截然的不同，P4 緊握住雙手強烈的表示：「好的產品價值透過服務人員的呈現，可能會有增加及減少價值的效用，所以除了要獲得顧客的認同感，員工的認同感也是相同重要的」。

第一階段之「焦點團體一」（P5～P7）

在開始焦點團體之前，必須先將第一階段的訪談結果所探討出來的因素進行篩選。本研究重新彙整在上一階段所有被提到的關鍵因素，同時本研究採納 P 3 的強烈主張認為「市場」與「顧客」是兩個不一樣的概念，一共歸納出 16 個因素（按照筆劃大小排序）：一線人員、人才團隊、人脈關係、市場商機、行銷策略、服務品質、政府政策、研發創新、財力支撐、區域優勢、產品價值、管理制度、領導者、競爭對手、顧客滿意、顧客需求。

下列是將在焦點團體中，訪談者對於關鍵因素的描述記錄；由於擔心受訪者並不習慣焦點團體的討論方式，於是在討論第一個因素時，研究者會先跟三位受訪者說明進行方式，並且強調關鍵因素的討論次序，並非為重要性次序而是依照筆劃大小（由大至小）排序。接著研究者開始發問：「大家對於"XX 因素"是否為服務業的關鍵成功因素之看法？」

(1)一線人員

率先回答的是 P6，他緩緩著說：「對於顧客而言，領導者、人才團隊這些在服務產業中為 key person，平時顧客是接觸不到的，而顧客對於服務業及產品的印象及觀感，則是由一線人員所傳達出來」。此時另外二位受訪者贊同的點點頭，P7 看著 P6 微笑說著：「由於一線人員可以直接接觸顧客，因此通常他們可以藉由觀察每個顧客的不同，提供客制化的服務」。P6 發表完後，此時大家都看著 P5，看他是否有別的見解，但似乎他有些許的害羞，他只對著大家微笑，並沒有打算發言的樣子。於是 P7 又再度的發言：「對於服務業而言，其實一線人員可以說是產品的一部份。就好比美容業而言，除了美容用品以外，美容師也包含在產品價值裡面」。最後大家是認為一線人員是重要的，但其實也可以併入下一項的人才團隊之中。

(2)人才團隊

P7 表示：「好的領導者若無好的人才團隊，他一個人也會孤掌難鳴啊！」這時 P6 似乎有不同的想法，於是在 P7 說完後，迅速的發言：「好的人才團隊便可掌握住商機，因此若無好的人才團隊，就算有市場商機，他們也會無法察覺」。這時 P5 低頭思考許久，眼神環顧著大家說著「好的人才團隊即使在不好的環境下，他們一樣能夠有好的表現。簡單來說就是可以化險為夷」。最後大家一致認同好的人才團隊是服務業成功的必要關鍵。

(3)市場商機

P7 認為：「在對的時間做對的事情，掌握時機點便也等於掌握了企業之成與敗」。P6 也說：「在對的時間、對的地點、做對的事情，且這事情符合顧客需要，這也就代表了拿到了航向成功之旅的船票了」。P5 則描述：「商機稍縱即逝，這就是代表著商機是有時間性的。此時不掌握過去的就過去了」。然後 P7 在最後的總結又補充說：「若無市場商機就算有好的領導者、人才團隊亦無用武之地」。

(4)行銷策略

P6 略帶激動的表示：「現在的消費者，哪管產品的好壞啊？只要會行銷及包裝就算產品品質差也照買的」。P7 附和的說著：「對啊！在請個知名代言人產品一定賣的嚇嚇叫」。P5 點頭表示贊同：「古語說的好，人要衣裝佛要金裝。古語還少一句，就是產品要懂得包裝啊！」。大家在討論後也認同行銷策略也是決定服務業成敗的必要關鍵。

(5)研發創新

P5 提出：「顧客的需求會隨著時間而改變，因此服務業的產品必須不斷推陳出新，才能滿足顧客之期待」。P6 說：「為了不斷的領先競爭對手，唯一的不二法門就是持續不間斷的研發創新」。但是 P7 則認為：「研發創新其實也可以說是產品價值的一環，或者是行銷策略的一種方案」。這個部分的意見大家比較不一致。

(6)財力支撐

P6：「巧婦難為無米之炊，就算有好的領導者、好的人才團隊、好的管理制度，若無財力的支撐也無成事」。P7 搖著頭，不贊同的表示：「當財力在有一定之基礎上，它的影響性也就不那麼地重要了。且若有好的領導者及好的人才團隊，便應該有集資的能力」。P6 則又說：「財力支撐不是服務業成功關鍵因素，但若沒有財力支撐也做不了事情」。最後 P5 下了結論說道：「財力支撐不可沒有，但並非為服務業成功最關鍵之因素」。

(7)產品價值

P7：「服務業而言，最主要工作為服務顧客。對顧客而言，服務業是否能提供他們所需要的服務，為顧客評價此服務業是否有價值的關鍵因素之一」。P6：「顧客要買的並非人才團隊的優劣與否，而是產品價值是否符合顧客所需（符合即為好，不符合即為不好）」。P5：「服務業的成功與否，可以以產品價值作為其效標，而一個人才團隊的好壞，也可以用是否能提供好的產品價值來作為評估的因素」。最後大家都同意顧客是來買服務產品的，所以產品價值是至關重要的，也可以說是服務業成功的重要關鍵因素。

(8)管理制度

P7：「好的人才團隊必須要有好的管理制度來支援，例如績效分配、工作時間安排及獎懲，這些都是人才團隊在發號司令時的後盾」。P6：「好的人才團隊會創造好的管理制度，若沒有好的管理制度就沒有好的服務團隊」。P5：「所謂的管理制度有時可能反而成為人才團隊發揮的限制」，但是 P5 他還是認為：「以連鎖服務業來講，管理制度對其是否能發展事業是十分重要的因素」。

(9)領導者

P6 舉了很多國內知名企業為例，認為「在華人社會中，畢竟人治色彩還是很濃，許多著名企業的領導者往往對那家公司影響深遠，甚至可以說是那家公司的影子，也可說是成敗的關鍵」，但同時 P6 也提出：「在西方社會中，領導者似乎不是那麼的被重視，如前陣子麥當勞總裁 42 歲過世，但可預見的是並不影響全世界的麥當勞門市，原因這些門市的程式及流程均標準化，因此不會由於領導者的不同而有所改變」。P7：「在執行力這本書當中，領導者為影響執行力的關鍵，因為似乎領導者的重要性有重新被視為關鍵之潛力因素（重視之潛力）」。P5：「領導者為導引方向的舵手。找對人做對事公司便可執行的順利及邁向成功的大道」。最後大家也都同意在華人的社會中，好的企業領導人是服務業經營成功的基本條件。

(10)競爭對手

P5 認為競爭對手不一定是負面的，有時反倒具有正面的價值，他表示：「顧客的滿意，有時是競爭對手與自家產品之比較所得來的。因此若我們所提供的產品較競爭對手的優，那麼獲得顧客滿意的成功率也就相對的提高」。P6 接著說：「顧客常會以競爭對手來對我們作比較，因此我們必須清楚競爭對手的一舉一動，這樣才能對其策略及產品做抗衡性的調整。由此可知，知己知彼才能百戰百勝」。P7 認為好的領導者、人才團隊、一線人員都應該對競爭對手有所瞭解，所以他說：「競爭對手的一切行動影響我們在對於策略制定及產品提供上之差別的關鍵因素」。

(11)顧客滿意

P7 強調了：「呈現好的服務或好的產品價值，最主要目的在於讓顧客對其產品滿意」。P6 也認為「顧客滿意是由顧客來作服務業成功與否的主要裁判」，他舉出有些企業文化並不如其他企業來的好，但是只要他的產品可以讓顧客覺得滿意，那麼也就是等同於此服務業就是成功的。他甚至說：「只要顧客對產品滿意，誰管他領導人是誰！好像沒那麼重要的」。P5 則是總結的說明了：「服務業的品質就是顧客滿意，而顧客滿意便是服務業能永續經營之生存命脈」。

另外還有 5 個因素（人脈關係、政府政策、區域優勢、顧客需求及服務品質），在此沒有加以詳述，原因為在討論的過程中，三位受訪者一致認為人脈關係、政府政策、區域優勢及顧客需求，已包含在「市場商機」中，當配合政府政策且透過人脈關係或把握著區域優勢、瞭解顧客需求後，便可掌握住商機。而服務品質則可以包含在「產品價值」中。

4.4.2 模式建構：服務業「關鍵成功因素」的理論模型

第二階段之「深度訪談」（P8～P9）

此階段著重的部份在於理論模型的建構，採取的研究方式與第一階段相同（流程描述及結果說明於第一節），開始的第一步驟同樣是採取深度訪談法，唯獨不同的是第一階段為四位，但此階段只有兩位。因為遺憾的是研究者發現在二次的深度訪談中，對於建構理論模型是極為困難的，原因是理論模型的建立是需要互相激蕩（想法、觀念及經驗），但由於深度訪談是個人化，而且訪談者又不能加入討論，因此在此階段並不容易產生任何的理論模型，唯一可探討的只有將關鍵因素與關鍵因素進行串聯。

於是研究者將模組建立的期望放在後面兩次的焦點團體討論之中，果然如同研究者所判斷般地，在第一次的焦點團體中，實踐專家們最後以「內、外在因素」提出的服務業關鍵成功之模組架構；在第二次的焦點團體以「六力因素」提出的服務業關鍵成功之模型架構；而後研究者再將「內、外在因素」的模型及「六力因素」的模型進行彙整，以創造出精要的「簡化模型」。以下將會對於在兩次焦點團體中，所發展出來的模組進行說明：

第二階段之「焦點團體二」（P10～P16）以「內、外在因素」提出的理論架構

本研究從最受重視的因素「領導者」開始，推論與其他因素之間是「前因」或「後果」的關係；實踐專家們也認同領導者是影響服務業成功的主要因素，且認為領導者還可直接影響「人才團隊」，並也直接影響所創造的「產品價值」及「顧客滿意」，最後邁向服務業的「成功」。因此在此焦點團體所認為的關係主軸，即是：「領導者→人才團隊→產品價值→顧客滿意→成功」。而其他因素則是主軸以外進行輔助的因素。（見圖 4-4）

也就是說：「領導者」看準「市場商機」，並且組織好「人才團隊」來掌握住商機。為了不斷推陳出新滿足顧客期望，服務業必須持續的「研發創新」，而因顧客不同需求、政府政策改變（市場商機）及人才團隊的判斷也皆會影響研發創新的走向與行銷策略執行方式。由人才團隊所制定「管理制度」，有了制度後，「一線人員」的服務也就統一及標準化了。除了人才團隊可主導產品價值外，一線人員的服務與「競爭對手」的服務策略，對於「產品價值」及「顧客滿意」也有直接的影響性。

經過這些因素與因素的串聯後，再以「內、外在因素」為觀點來作區別，則發現「領導者」、「人才團隊」、「財力支撐」、「管理制度」及「一線人員」為內在因素，而「市場商機」、「政府政策」、「人脈關係」、「區域優勢」及「競爭對手」為外在因素，最後的「研究創新」、「行銷策略」、「產品價值」及「顧客滿意」則為同時具備內

外在因素的仲介因素。

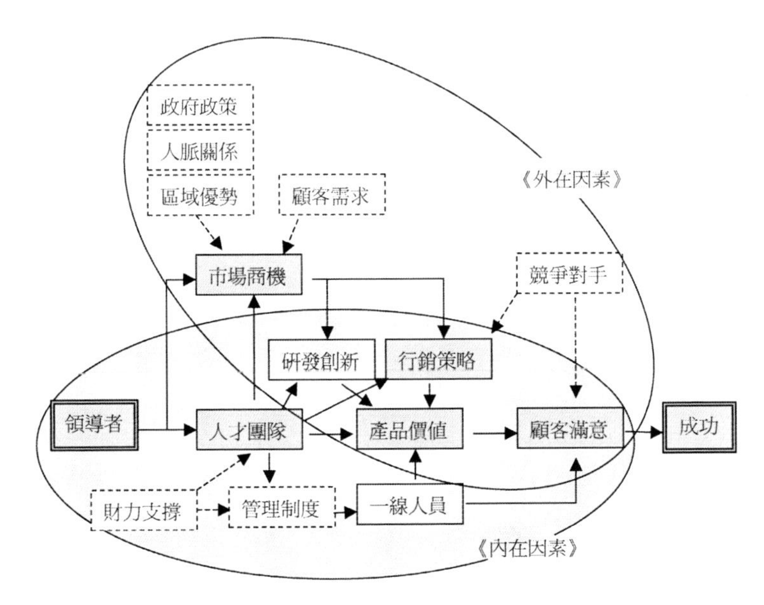

圖 4-4　以「內、外在因素」提出的服務業關鍵成功之模型架構圖

第二階段之「焦點團體三」（P17～P24）以「六力因素」提出的理論架構

除了由「領導者」這項因素開始之外，由於在此階段本研究儘量不主導議程的進行，以至於在焦點團體三的討論結果與焦點團體二可說是大異其趣。團體三認為：「領導者」同時掌握「市場商機」（改變市場商機因素：觀察政府政策、把握住區域之優勢、開展人脈關係及瞭解顧客需求）與「人才團隊」。

人才團隊的好壞會對於「研發創新」的發展、「產品價值」的提升及「行銷策略」制定，有直接的影響力。除了團隊對於研發創新有影響外，「市場商機」改變對於研發創新的發展，也會有相當程度的影響性。「行銷策略」與「一線人員」都會直接或間接的受到「人才團隊」的影響。一線人員對於行銷策略的執行成果及「產品價值」(服務品質)的提升，有一定程度上的幫助。最後產品價值決定了顧客對於服務是否滿意，能否造就服務業的成功，這也是關鍵的因素。

在這個模型架構中，實踐專家們發現了幾個最主要的關鍵因素(領導者、人才團隊、一線人員、競爭對手及顧客滿意)，均是由「人」之因素在操控著。其實一個組織中，最難管理的並非財務或設備等無形及有形的資產，真正最難管理的就是「人」。(見圖 4-5)

在這次焦點團體，八位受訪者在討論中，還是提到了另一個觀點，就是 Reward System。此系統的意義就是當競爭對手影響了市場商機後，領導者若有掌握到此商機，並告知人才團隊未來產品最佳的走向後，團隊則會著手發展產品研發及創新，且將行銷策略調整較符合現況，以創造額外的產品價值，並利用一線人員提高服務品質後，此時便能達到顧客滿意之目標。完成上述目標，最主要的目的在於當顧客滿意，他們就會回饋金錢給服務提供系統，此時，服務提供系統則會利用 Reward System 將這些金錢按照一定的比例，分發給相關的服務人員；建立完整且良善的 Reward System 能讓服務業的成長更上一層。

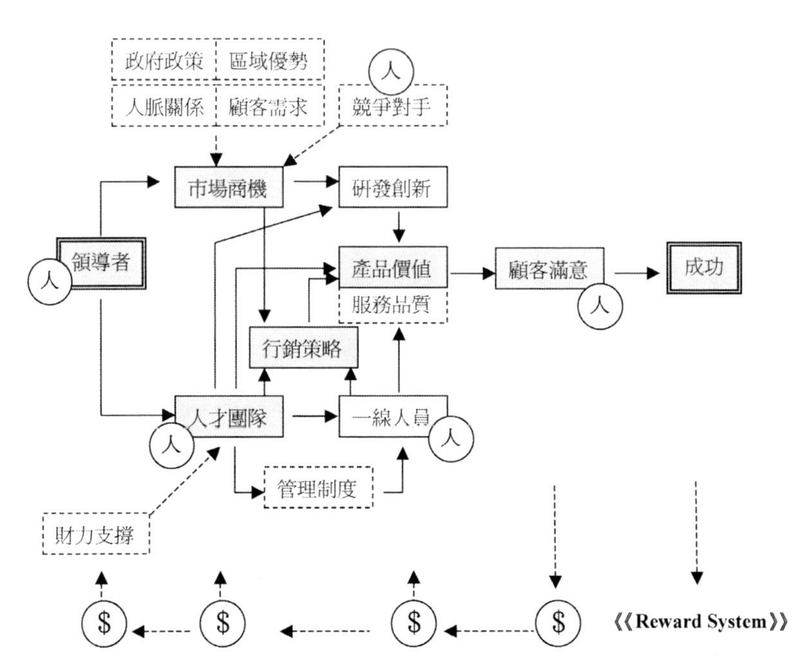

圖 4-5　以「六力因素」提出的服務業關鍵成功之模型架構圖

提出整合的服務業關鍵成功因素之「簡化模型」理論架構

研究者依據第二階段的第二次及第三次焦點團體，所討論出來的理論模型架構，進行整合及轉化之後，本研究提出更精要的「簡化模型」(見圖 4-6)。從簡化模型可得知，「領導者」掌握「市場商機」便能影響「行銷策略」執行方式及「產品價值」；同時必須能夠組織一個優秀的「人才團隊」，便能創造符合市場商機的「行銷策略」及獨具風格的「產品價值」，最後必須贏得「顧客滿意」，才能邁向「成功」之路。

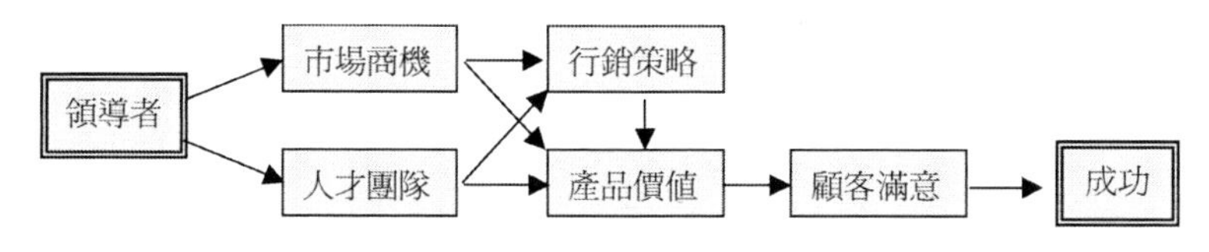

圖 4-6　服務業關鍵成功之「簡化模型」架構圖

在這個模型中，以「內、外在因素」的觀點來看，外在因素為：「市場商機」；內在因素為：「領導者」、「人才團隊」、「產品價值」及「顧客滿意」;「行銷策略」則為同時具有內外在因素的中間因素。而若以「六力因素」的觀點來看，簡化模型中，最關鍵的六個因素也是六力因素的關鍵要素（領導者、市場商機、人才團隊、行銷策略、產品價值及顧客滿意）。

最後由簡化模組中，可獲得服務業最關鍵的 4 個成功因素:「領導者」、「人才團隊」、「產品價值」及「顧客滿意」，而這 4 個因素的串聯「領導者→人才團隊→產品價值→顧客滿意」，其實也就是「內在因素」的部分，也就等於是服務業關鍵成功因素的最佳路徑（主脈）；是一種務本的做法，同時再考量外在環境的「市場商機」制定因應的「行銷策略」，以達成服務業經營成功。

4.4.3 專家信度與理論關聯效度：實踐專家與學術文獻之對話

本研究訪談部分采下列幾種方式以維持其信效度

一、專家信度

本研究所遴選的受訪者都是十年以上本土實踐專家，並且在研究進行過程中研究者盡可能避免主導，同時採用三角交叉檢視法（Triangulation），以半結構性的訪談及輔以錄音、攝影紀錄，從不同角度檢核資料的可信度。

二、資料效度

效度方面，除藉由深入分析相關理論及實證研究、和受訪者建立良好關係以提高效度外，亦透過參與者檢核（member checking）提高描述資料的正確性。訪談中，針對受訪者模糊的觀點做非正式的確認。所有訪談資料分析整理後，請每位受訪者確認其資料正確與否，並與受訪者討論發現的重點。最後就訪談歷程中所得簡單資料，整理作為分析參考之用。

三、理論關聯效度

本研究雖是強調藉由「本土實踐專家」所進行的質性探索研究，但是每項因素的由來是透過以下三種管道：(一).是文獻歸納、(二).是本研究提出、(三).是實踐專家在未提示下提出，然後再經由其他實踐專家的探討取得認同。在簡化模型中的六個關鍵因素，除了「領導者」以外，其他五個因素在相關文獻中多有探討，而領導者這項因素應該是華人社會中，現階段的重要因素吧，即使在西方近來的研究著作中，也又開始關切領導人對組織的影響，著名的《執行力》（Bossidy、Charan，2002）一書中更把領導者視作組織執行力的根源。

4.5 討論：具有實踐精神的關鍵成功因素

4.5.1 多元研究典範：試圖找出中國服務業實踐發展獨特道路

本研究著重在於找出中國服務業在本土的環境下的發展道路，就是要跳出純粹「驗證西方理論」，或者只是「修正西方理論」的研究框限，在「江浙學派」的實學取向下採用「本土實踐專家的質性探索」研究，也是多元研究典範的一種，所做出來的研究結果確實與一般在西方理論框限下的研究有相當大之差異性，當然也存在一定的共同性。這便是本研究的主旨：試圖找出中國服務業實踐發展的獨特道路。在這一個思考點上，本研究應該有其獨到之價值。

4.5.2 研究限制：深度訪談與焦點團體建構的質性研究之局限

在質性探索的研究中，有助於找到研究的創新點，甚至日後發展成新的理論模型，但是同時深度訪談與焦點團體建構的質性研究方法，卻有其局限性；因為畢竟本研究中的意見系出自於 24 位本土實踐專家的貢獻，而且即使在研究中研究者僅可能減少主導性，但是依然無法避免的涉入一部分研究者的研究設計之影響；我們一方面著眼於質性探索研究的開創性價值相當高，但同時也必須認清這類研究可能有的局限性。

4.5.3 後續研究建議：理論建構須要實證與實踐之檢驗

在後續研究的建議上，可以本著本研究由「本土實踐專家的質性探索」研究中得來不易的研究發現，同時認清質性探索研究的局限性；下一步就是進行規模樣本的量化實證研究，以檢驗本理論模型之客觀性，並依實證之結果加以修正，如此一來本研究所提出的理論模型將會更具說服力。

基於本研究是以「江浙學派」實學取向出發，在理論模型的建構與檢驗完成之後，後續更須要進行實踐場域上的檢驗；如此一來，本研究便是著實的出發於「本土實踐專家」，最後再應用於實踐之場域，這便是「實學典範」。也就是在「理論」與「實務」之間架一座橋，以期讓「理論研究者」同時也可以是該場域的「實踐專家」。

5.實證研究：結構方程模式(SEM)之驗證型因素分析與路徑模型檢驗

5.1 導論與文獻：檢驗台灣服務業 KSF 主位取向質性探索之理論模式

5.1.1 研究主題與目的：服務業關鍵成功因素之實證研究

本研究是針對服務業關鍵成功因素（key success factor，KSF）所進行的實證研究。根據本研究先前由實踐專家所進行的質性探索研究，歸納出六個關鍵成功因素，包括「領導者」、「市場商機」、「人才團隊」、「行銷策略」、「產品價值」及「顧客滿意」等。為了探討這六個主要的預測變項與服務業經營成功之間的相關性，本研究將由實踐專家所進行的兩次焦點團體結果，彙整得出「服務業關鍵成功因素」之初始理論模型（如圖 5-1），進行「結構方程模式」（structural equation modeling，SEM）的路徑模型檢驗，以有效解釋所有研究變項的關係。

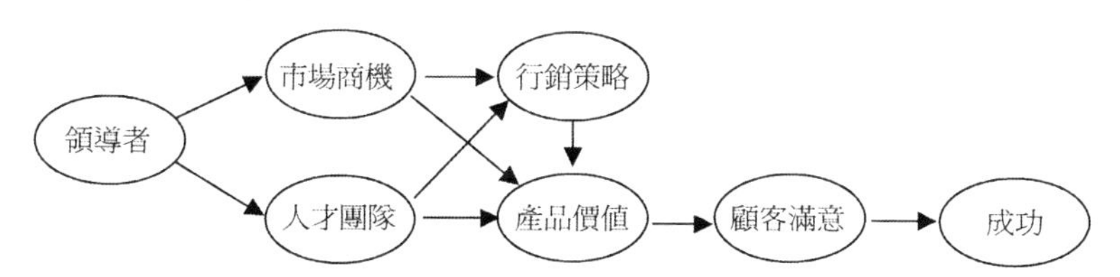

圖 5-1　本土取向的「服務業關鍵成功因素」之初始理論模型

本研究之研究目的如下：

(1)探討各個變項之間的關係，檢驗由本土取向質性探索所建立之理論模型的各條路徑，以建立完整且經過實證檢驗的理論模型。

(2)檢驗「領導者」、「市場商機」、「人才團隊」、「行銷策略」、「產品價值」及「顧客滿意」等六個預測變項，對於服務業經營「成功」的「直接影響效果」與「間接影響效果」。

5.1.2 研究架構與假設：假設模型之名詞詮釋與假設檢驗

本研究一方面在於檢驗「領導者」、「市場商機」、「人才團隊」、「行銷策略」、「產品價值」及「顧客滿意」等六個預測變項，對於服務業經營「成功」的直接與間接影響效果；另一方面在於檢驗本土取向所建立的「服務業關鍵成功因素」之初始理論模型。因此根據本研究這兩個目的，擬出本研究之「假設模型」概念圖（如圖5-2）。

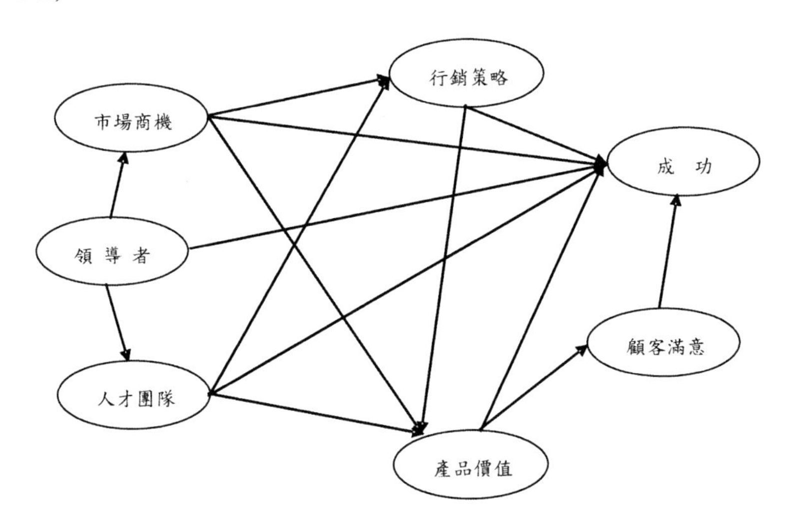

圖 5-2 「服務業關鍵成功因素」假設模型之結構關係圖

根據以上假設模型之結構關係概念，本研究提出下列之研究假設：

H1.探討各個變項之間的關係，檢驗由本土取向質性探索所建立之理論模型的各條路徑，以建立完整且經過實證檢驗的理論模型。

H1-1若「領導者」評分越高，則「市場商機」的評分也會越高。
H1-2若「領導者」評分越高，則「人才團隊」的評分也會越高。
H1-3若「人才團隊」評分越高，則「產品價值」的評分也會越高。
H1-4若「人才團隊」評分越高，則「行銷策略」的評分也會越高。
H1-5若「市場商機」評分越高，則「行銷策略」的評分也會越高。
H1-6若「市場商機」評分越高，則「產品價值」的評分也會越高。
H1-7若「行銷策略」評分越高，則「產品價值」的評分也會越高。
H1-8若「產品價值」評分越高，則「顧客滿意」的評分也會越高。
H1-9若「顧客滿意」評分越高，則服務業經營「成功」的評分也會越高。

H2.「領導者」、「市場商機」、「人才團隊」、「行銷策略」、「產品價值」及「顧客滿意」等六個預測變項，對於服務業經營「成功」具有「整體」影響效果。

H2-1「領導者」對服務業經營「成功」具有整體影響效果。
H2-2「人才團隊」對服務業經營「成功」具有整體影響效果。
H2-3「市場商機」對服務業經營「成功」具有整體影響效果。
H2-4「行銷策略」對服務業經營「成功」具有整體影響效果。
H2-5「產品價值」對服務業經營「成功」具有整體影響效果。
H2-6「顧客滿意」對服務業經營「成功」具有整體影響效果。

H3.「服務業關鍵成功因素」假設之路徑模型能夠得到驗證，並可以有效預測各個主要研究變項之間的關係。

5.1.3 整體模型之操作型定義

各個因素與變項之操作型定義：

本研究設計為結構式之訪談問卷，在訓練訪員之後，再以訪員依問卷之設計進行訪談及填答，訪談對象為服務業經理級（含店長級）以上之服務業實踐專家，預計填答問卷300份以上。但由於受訪者遍佈於不同之服務企業，所填答之目標對象亦不相同，為了使所有受訪者的填答是在相同的基礎之上，以利於後續的統計分析，將此訪談問卷設計為服務實踐專家之「自陳式」的問卷。

而本研究之問卷內容設計，主要是以本研究對各項因素之歸納結果，以及參考陳國源（2004）、林書漢（2002）、江正信（2000）、吳萬益與陳淑惠（1999）及劉尚志（1994）…等，對於衡量服務業成功的各項指標，本研究將七項因素分別設計為以下之各個變項：

A.領導者

依照本研究之歸納，以及參考林書漢（2002）、陳國源（2004）之研究，將此因素設計為包涵以下三個變項：

A1.勾勒願景能力（對未來）

a1-1.領導者能夠不斷勾勒組織成功的願景

a1-2.領導者能夠創造共用的企業文化

a1-3.領導者能促使員工對企業具有向心力

A2.組織領導能力（對內）

a2-1.領導者對人才團隊之重視與禮遇

a2-2.領導者能鼓勵員工建言與建言之採納

a2-3.領導者賞罰分明、紀律嚴謹

A3.情勢掌握能力（對外）

a3-1 領導者對市場顧客需求之掌握

a3-2 領導者能快速因應市場行銷手法之改變

a3-3 領導者對競爭對手之掌握

B.市場商機

本研究所定義之市場商機為：在對的時間做對的事情；也就是在正確的市場時機推出符合市場顧客需要之服務產品，並且能夠因應市場顧客需求的改變及競爭對手之挑戰。同時本研究參考陳國源（2004）的市場導向量表，將此因素設計為包涵以下三個變項：

B1.市場商機掌握

b1-1.本公司相當能掌握市場顧客之需要

b1-2.本公司推出之服務產品正好符合市場顧客之需要

b1-3.本公司推出之服務產品時機剛好正確

B2.市場商機因應

b2-1.本公司能夠隨時掌握顧客需求之改變

b2-2.本公司能夠時時因應市場顧客需要改進服務產品

b2-3.本公司能夠時時因應市場顧客需要推出新的服務產品

B3.因應競爭對手

b3-1.本公司能隨時掌握競爭對手之最新狀況

b3-2.本公司不斷推出領先競爭對手之服務產品

b3-3.本公司能夠快速回應競爭者之策略活動

C.人才團隊

本研究廣泛歸納各研究之設計，並主要參考林書漢（2002）、江正信（2000）的研究設計，將此因素設計為包涵以下四個變項：

C1.核心幹部

c1-1.核心幹部之專業能力

c1-2.內部協調合作氣氛

c1-3.核心幹部之流動率高低

C2.管理制度

c2-1.員工之獎賞（管理制度之合理）

c2-2.員工生產力（營業額／員工數）

c2-3.員工之教育訓練

C3.員工滿意

c3-1 員工滿意度

c3-2 員工抱怨率

c3-3.員工流動率高低（離職員工數／員工總數）

C4.一線人員

c4-1.一線人員之服務熱忱

c4-2.一線人員是否受到主管的支援

c4-3.一線人員對服務產品的瞭解程度

D.行銷策略

本研究在收集其他相關研究之後，以及參考林書漢（2002）的研究設計，將此因素設計為包涵以下三個變項：

D1 市場開發

d1-1.對於既有客戶的維持能力

d1-2.對於潛在市場的開發能力

d1-3.開發新的行銷方案之速度

D2.行銷方案

d2-1.整體行銷策略之掌握

d2-2.運用靈活的促銷策略

d2-3.訂價策略的制定

D3.業務制度

d3-1.重視業務人員之培訓

d3-2.業務人員之銷售能力

d3-3.業務績效獎金制度之合理性

E.產品價值

產品價值的意義相當廣泛，大約可分為兩個類別：實用性（Utilitarian）與象徵性（Symbolic）（Abelson & Prentice, 1989: Dittmar, 1992: Hirschman, 1980）。而實用性則代表服務產品本身實際上的功能及效用程度，也就是服務產品本身的價值；象徵性則是指服務產品本身的實際功能之外的心理滿足感、社會認可與自我肯定。本研究參考簡詠喜（2002）對產品價值的研究設計及本研究之歸納，將此因素設計為包涵以下四個變項：

E1.實用性

e1-1.本公司的服務產品對顧客具有實用功能

e1-2.顧客對本公司的產品有其必要之需求性

E2.象徵性

e2-1.顧客認同本公司產品之品牌

e2-2.顧客認同本公司之整體形象

e2-3.顧客使用本公司之產品時會考慮其社會價值

E3.服務品質

e3-1.本公司所提供的整體服務品質是穩定的

e3-2.本公司不會因為不同的顧客所提供的服務有所差異

e3-3.本公司不會因為不同的服務人員所提供的服務有所差異

E4.研發創新

e4-1 本公司不斷進行服務產品的研發創新

e4-2.本公司不斷改善及推出新的服務產品

F.顧客滿意

一般服務業的顧客滿意度之研究多採用由顧客來評比的方式，但本研究填答問卷的對象是服務業的經理人，且滿意的對象是不同的企業間之比較，為了比較基礎之一致性，本研究參考林書漢（2002）由經理人衡量服務業的顧客滿意指標的研究設計，及黃鴻程（2002）的服務業顧客滿意指標，將此因素設計為包涵以下四個變項：

F1.滿意程度

f1-1.顧客滿意度

f1-2.顧客忠誠度

F2.顧客後續行動

f2-1.顧客續客率

f2-2.顧客推薦率

f2-3.顧客抱怨率

f2-4.顧客流失率

G.成功

本研究參考林書漢（2002）、江正信（2000）、劉尚志（1994）及吳萬益、陳淑惠（1999）衡量服務業成功的績效指標的研究設計，以及市場與社會價值之觀點，將此因素設計為包涵以下三個變項：

G1.績效指標

g1-1.本公司之「獲利能力」

g1-2.本公司之「市場佔有率」

g1-3.本公司具有快速之「成長力」

G2.市場與社會價值

g2-1.本公司對於該服務產業之開創與提升有所幫助

g2-2.社會上普遍認同本公司之存在與經營理念

5.1.3 整體模型之操作型定義：

基於以上各個變項之操作型定義，彙整成整體模型之操作型定義（如圖 5-3）。

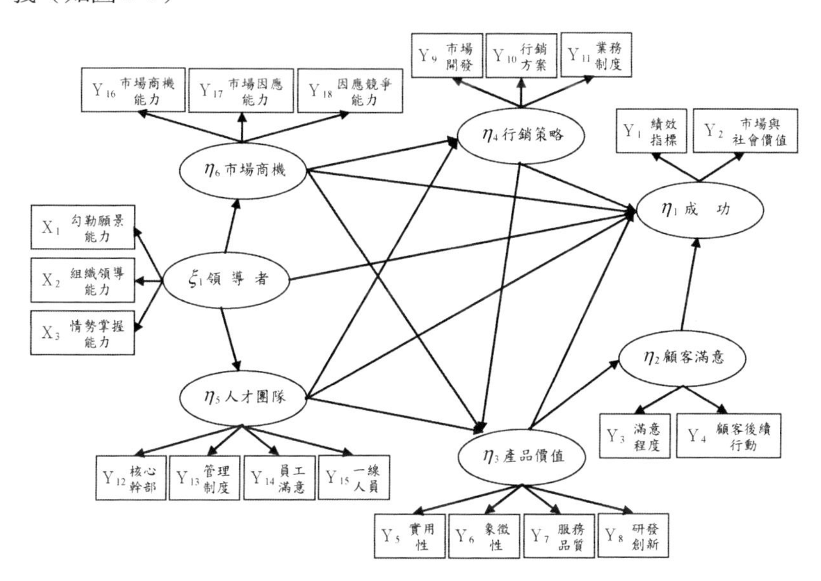

圖 5-3 「服務業關鍵成功因素」之整體模型

5.2 方法：結構方程模式（SEM）之驗證型因素分析與路徑模型檢驗

5.2.1 研究對象：十年經驗或經理／店長級以上之實踐專家

本研究是針對從事服務業且具有十年以上經驗或擔任經理或店長級以上之實踐專家為研究對象。在抽樣樣本數方面，由於並無抽樣對象之群體名冊，故僅能以非機率抽樣（non-probability sampling）來進行資料收集。在問卷發放方面，共發出問卷 500 份，回收 400 份，問卷回收率 80%。問卷回收後，研究者逐份檢視問卷，空白問卷或過多題目未填答者的問卷先予以淘汰；此外，填答者全部勾選同一個答案或是草率勾選等情況的問卷也予以排除，廢卷率為 12%，經過廢卷過濾與處理後，有效樣本共為 353 份。

根據表 5-1 顯示，男性受訪者有 153 人，占 43.3%；女性受訪者有 200 人，占 56.7%。受訪者年齡多在 30 歲以下，共有 212 人，占全體的 60.1%；其次是在 31～40 歲之間，有 77 人，占 21.8%。而受訪者在現任公司年資方面，則是 5 年以下者為最多，計有 247 人，占 70%；其次為 6～10 年者，占全體的 16.7%。另外，受訪者從事其他服務業相關年資部份，仍是以 5 年以下者為最多，計有 249 人，占 70.5%；其次為 6～10 年者，占全體的 12.7%。

表 5-1　研究對象之個人基本資料

變　項	類　別	次　數	百分比
性　別	男	153	43.3%
	女	200	56.7%
年　齡	30 歲以下(含)	212	60.1%
	31～40 歲	77	21.8%
	41～50 歲	44	12.5%
	51 歲以上	20	5.7%
現任公司年資	5 年以下(含)	247	70.0%
	6～10 年	59	16.7%
	11～15 年	27	7.6%
	16～20 年	8	2.3%
	21 年以上	12	3.3%
其他服務業年資	5 年以下(含)	249	70.5%
	6～10 年	45	12.7%
	11～15 年	20	5.7%
	16～20 年	38	10.8%
	21 年以上	1	0.3%

除了瞭解研究對象本身以外，本研究亦針對研究對象目前所任職之機構進行簡單的調查，目的在於瞭解市場上的服務業其公司目前的基本概況。根據表 5-2 顯示，服務業的產業類別是以消費者為對象的服務業居多，共有 203 家，占全體 57.5%；其次則是以企業組織為對象的服務業，有 64 家，占 18.1%。而設立在超過 16 年以上的公司為最多，計有 118 家，占 33.4%。公司資本額方面，資本額在 1 億 5,000 萬以上和 500 萬以下的公司占多數，分別占全體 26.6%及 26.3%。而公司前一年的營業額，以 1,000 萬以下的公司為最多，計有 116 家，占 32.9%。另外，在公司過去三年經營績效方面，多數公司都呈現小賺為盈的情形，占 44.4%；其次為獲利良好，占 31.2%；而虧損連連的公司僅占 2.3%。最後，受訪者對於

公司未來展望方面，多數表示普通尚可，占 54.6%；認為前景大好者則占 21.8%；但認為不太樂觀及前景堪憂者共占 12.4%。

表 5-2　研究對象其公司之基本資料

變　項	類　別	次　數	百分比
產業類別	以消費者為對象的服務業	203	57.5%
	以企業組織為對象的服務業	64	18.1%
	資訊服務業	44	12.5%
	公共服務業	42	11.9%
公司設立幾年	2 年以下(含)	25	7.1%
	3～5 年	76	21.5%
	6～9 年	60	17.0%
	10～15 年	74	21.0%
	16 年以上(含)	118	33.4%
公司資本額	500 萬以下(含)	93	26.3%
	501 萬～2,000 萬	71	20.1%
	2,001 萬～8,000 萬	72	20.4%
	8,001 萬～1 億 5,000 萬	23	6.5%
	1 億 5,001 萬以上	94	26.6%
公司前一年營業額	1,000 萬以下(含)	116	32.9%
	1,001 萬～5,000 萬	71	20.1%
	5,001 萬～1 億(含)	72	20.4%
	1 億～1 億 5,000 萬(含)	27	7.6%
	1 億 5,001 萬以上	67	19.0%
公司過去三年經營績效	獲利良好	110	31.2%
	小賺為盈	153	44.4%
	恰好平衡	61	17.3%
	稍有虧損	21	5.9%
	虧損連連	8	2.3%
公司未來展望	前景大好	77	21.8%
	普通尚可	193	54.7%
	尚未明朗	39	11.0%
	不太樂觀	22	6.2%
	前景堪憂	22	6.2%

5.2.2 研究工具：問卷之設計

本研究係採用問卷調查法，所使用的研究工具包括「領導者量表」、「市場商機量表」、「人才團隊量表」、「行銷策略量表」、「產品價值量表」、「顧客滿意量表」及「成功量表」。當中的量表設計，主要是以本研究對各項因素之歸納結果，並參考多位學者對於衡量服務業成功的各項指標，繼而編制完成。此外，也進行研究受訪者個人及目前所任職之機構的基本資料。

第一部分、研究對象之個人基本資料

在個人基本資料方面，僅針對研究對象設計性別、年齡、目前服務年資及其它服務業相關年資等四題項。茲說明如下：

（1）性別：分為「男」、「女」兩項類別。

（2）年齡：先由受訪者填答出生年與月，再由研究者計算實際年齡，最後區分為「30 歲以下(含)」、「31～40 歲」、「41～50 歲」及「51 歲以上」四組。

（3）目前服務年資：由受訪者填答服務年資，再將其區分為「5 年以下(含)」、「6～10 年」、「11～15 年」、「16～20 年」及「21 年以上」五組。

（4）其他服務業相關年資：由受訪者填答服務業相關服務年資，亦將其區分為「5 年以下(含)」、「6～10 年」、「11～15 年」、「16～20 年」及「21 年以上」五組。

第二部分、服務業關鍵成功因素整體量表

（1）領導者量表

「領導者量表」是依照本研究之歸納，以及參考林書漢（2002）、陳國源（2004）之研究，將此因素設計為三個變項，分別為「勾勒願景能力」、「組織領導能力」及「情勢掌握能力」，共設計出 9 題題項。

（2）市場商機量表

「市場商機量表」是依照本研究之歸納，以及參考陳國源（2004）的市場導向量表，將此因素設計為三個變項，分別為「市場商機掌握」、「市場商機因應」及「因應競爭對手」，共設計出 9 題題項。

（3）人才團隊量表

「人才團隊量表」是依照本研究廣泛歸納各研究之設計，並主要參考林書漢（2002）、江正信（2000）等研究設計，將此因素設計為四個變項，分別為「核心幹部」、「管理制度」、「員工滿意」及「一線人員」，共設計出 12 題題項。

（4）行銷策略量表

「行銷策略量表」是在收集其他相關研究之後，以及參考林書漢（2002）的研究設計，將此因素設計為三個變項，分別為「市場開發」、「行銷方案」及「業務制度」，共設計出 9 題題項。

（5）產品價值量表

「產品價值量表」是參考簡詠喜（2002）對產品價值的研究設計，及本研究之歸納，並在收集其他相關研究之後，將此因素設計為四個變項，分別為「實用性」、「象徵性」、「服務品質」及「研發創新」，共設計出 10 題題項。

（6）顧客滿意量表

「顧客滿意量表」係參考林書漢（2002）由經理人衡量服務業的顧客滿意指標的研究設計，及黃鴻程（2002）的服務業顧客滿意指標，將此因素設計為二個變項，分別為「滿意程度」及「顧客後續行動」，共設計出 6 題題項。

（7）成功量表

「成功量表」係林書漢(2002)、江正信(2000)、劉尚志(1994)及吳萬益、陳淑惠(1999)衡量服務業成功的績效指標的研究設計,以及市場與社會價值之觀點,將此因素設計為二個變項,分別為「績效指標」及「市場與社會價值」,共設計出 5 題題項。

在以上七大量表的問項回答設計上,乃採用李克特(Likert)六點衡量尺規予以評分,從「非常不同意」、「不同意」、「有點不同意」、「有點同意」、「同意」、「非常同意」依序給予 1 分到 6 分的評比。

第三部分、研究對象服務機構之基本資料

在研究對象服務機構之資料方面,共設計六個題項,分別為「產業類別」、「公司設立幾年」、「公司資本額」、「公司前一年營業額」、「公司過去三年經營績效」及「公司未來展望」。茲說明如下:

(1)產業類別:

分為「以消費者為對象的服務業」、「以企業組織為對象的服務業」、「資訊服務業」及「公共服務業」四項類別。

(2)公司設立幾年:

分為「2 年以下(含)」、「3～5 年」、「6～9 年」、「10～15 年」及「16 年以上」五項類別。

(3)公司資本額:

分為「500 萬以下(含)」、「501 萬～2,000 萬」、「2,001 萬～8,000 萬」、「8,001 萬～1 億 5,000 萬」及「1 億 5,001 萬以上」五項類別。

(4)公司前一年營業額:

分為「1,000 萬以下(含)」、「1,001 萬～5,000 萬」、「5,001 萬～1 億(含)」、「1 億～1 億 5,000 萬(含)」及「1 億 5,001 萬以

上」五項類別。

（5）公司過去三年經營績效：

分為「獲利良好」、「小賺為盈」、「恰好平衡」、「稍有虧損」及「虧損連連」五項類別。

（6）公司未來展望：

分為「前景大好」、「普通尚可」、「尚未明朗」、「不太樂觀」及「前景堪憂」五項類別。

5.2.3 資料之處理：SPSS 與 SEM 之統計分析工具應用

本研究係採用統計軟體「SPSS for Windows 10.0 中文版」進行資料分析。統計分析方法包括敘述性統計及信度分析。採用敘述性統計呈現各項統計資料，如平均數、標準差等；信度分析則計算 alpha 係數等等。最後再以結構方程模式的路徑分析模型來驗證本研究的假設性架構，本研究中所有的潛在路徑模型均以 AMOS 5.0 版進行分析。以下內容係針對本研究所採用的各項分析方法進行簡要說明。

一、敘述性統計分析（Descriptive Analysis）

本研究透過平均數、標準差等統計量來瞭解樣本分佈的情形，並說明其特性。

二、信度分析（Reliability Analysis）

本研究的信度衡量係採用 Cronbach'α 係數衡量指標，以衡量問卷量表內部專案的一致性。Cronbach'α 係數是由 Cronbach 於 1951 年所提出，是目前社會科學研究中最常使用的信度測量方法(陳順宇，2000)。另外，Cuieford(1965)指出 Cronbach'α 若高於.70 者為高度信度，於.70～.35 之間為可接受信度，而小於.35 為低度性度。但 Devellis(1991)、Nunnally(1978)等的研究認為 Cronbach'α 係數若在.6 以下，應重新修定研究工具或重新編制較為適宜。

三、結構方程模式（Structural Equation Modeling）

結構方程模式（Structural Equation Modeling；簡稱 SEM）是用於辨識與估計一組變項之間的線性關係模型的一種技術（Maccallum & Austin,2000）。Byrne（1994）將結構方程模式當成為一種統計的方法學（statistical methodology），能夠以統計的模型去處理變項間複雜的關係，因此不僅涉及研究資料的分析與解釋，也與研究變項的選擇有關。

（1）模型發展階段

此階段主要目的在建立一個適用於 SEM 分析概念與技術需要的假設模型，包含理論的發展、模式設定與模式辨識三個概念，此三個概念的運作是相互作用的返覆過程（邱皓政，2003）。

A.理論性發展

SEM 模型的建立必須經過觀念的釐清、文獻的整理與推導、或是研究假設的發展等理論性的辯證與演繹過程，最後提出一套有待檢驗的假設模型。本研究所提出的「服務業關鍵成功因素之整體模型」即是以理論為基礎的假設模型。

B.模式設定

目的在發展可供 SEM 進行檢驗與估計的變項關係與假設模型。本研究所提出的路徑圖即是模式設定的具體產品，此路徑圖是模型辨識步驟據以評估的依據。

C.模型辨識

意指一個模型能夠被有效進行辨識的程度。有關模型辨識度的估算過程，即是此步驟的主要任務。Bollen（1989）利用 DP 數與參數估計數 t 的比較來判斷模型的辨識性，提出 t 法則（t-Rule），其關係式如下：

$$t \le \frac{1}{2}(p+q)(p+q+1) = DP$$

式中的 p+q 表示測量變項的個數，其中 p 為外衍測量變項的數目，q 為內衍測量變項的數目；DP 是共變結構的觀測值數目；t 是模型中的自由估計參數數目。在本研究的模式中，外衍測量變項有 3 個，內衍測量變項有 18 個，因此，共變數矩陣中的參數個數共有 1／2（3+18）（3+18+1）=231。本模式中需要估計的參數有 73 個，因此 t<231，符合 t 法則的檢定標準。

（2）估計與評鑑階段

A.抽樣與測量

SEM 的模型完成後，即開始進行樣本的建立與測量的工作，所獲得的資料經過處理之後，即可依照 SEM 分析工具的要求，進行各項估計。

B.參數估計

利用共變結構的分析，SEM 可以導出特定的參數，並進行整體模型的評鑑與分析。在應用 SEM 檢驗所提出之潛在路徑模式的契合度（goodness-of-fit）時，本研究採用的估計方法是最大概似法（Maximum likelihood; ML）。其基本假設，是觀察資料都是從母體中抽取得到的資料，且所抽出的樣本必須是所有可能樣本中被選擇的機率的最大者，所能符合此一假設，估計的參數即能反應母體的參數（邱皓政，2003）。

C.模型契合度估計

Bollen(1989)，Byrne(1998)，Hoyle & Panter(1995)以及 Marsh & Hocevar（1988）皆認為整體適配度指標應採取多元指標的評鑑。

黃芳銘（2004）建議在結構方程模式的報表中，將其所呈現的指標，分為絕對適配指標、相對適配指標以及簡效適配指標三種類型。參照黃芳銘（2004）與邱皓政（2003）的觀點，將本研究用以判斷模式契合度的指標分述如下：

C-1.絕對適配指標：

（a）卡方考驗（χ^2 test）

當χ^2值未達顯著時，表示由假設模型所導出的共變矩陣與觀察矩陣相等的虛無假設成立，也就是具有理想的模型契合度，學者建議χ^2需大於 0.1 以上，模式才可被接受。

（b）期望復核效化指標（expected cross-validation index；ECVI）

當假設模型具有良好的 ECVI 值，表示假設模型具有預測效度，亦即此假設可應用到不同的樣本，也就是說，ECVI 是測量假設模型與觀察資料的差異，可應用到另一批觀察資料的程度。ECVI 值越小，表示模型契合度的波動性越小，該假設模型越好。

（c）平均概似平方誤根係數（root mean square error of approximation；RMSEA）

它是一種不需要虛無模式的絕對性指標。RMSEA 係數指數越小，表示模型契合度越佳，指數低於.06 可視為好的模型，指數大於.10 表示模型不理想。

C-2.相對適配指標

（a）規範適配指標（normed fit index；NFI）

NFI 值越接近 1，表示假設模型對虛無模型的改進越大。NFI 值越接近 0，表示假設模型與虛無模型並無多大的差別。NFI 值一般需達.90，才能視為理想的契合度。

（b）相對適配指標（relative fit index；RFI）

RFI 值介於 0 至 1 之間，其值越大表示模型契合度越佳，一般而言，必須在.90 以上，才可視為好的模型。

（c）增值適配指標（incremental fit index；IFI）

IFI 是以母群為基礎的、懲罰複雜模式的、樣本獨立的以及相對於虛無模式來評鑑適配的指標。IFI 值越大表示模式的適配越好，通常需在.90 以上。

（d）非規範適配指標（tucker-lewis index；TLI）

TLI 指標則反應假設模型與一個觀察變項間沒有任何共變假設的獨立模型的差異程度，TLI 值越接近 1，表示模型契合度越高，一般認為 TLI 值需達.90，表示模型可被接受。

（e）比較適配指標（comparative fit index；CFI）

CFI 指標反應假設模型與無任何共變關係的獨立模型差異程度的量數，CFI 值也是越接近 1，表示模型契合度越高，CFI 值通常需達.90，模型才可被接受。

C-3.簡效適配指標

（a）簡效規範適配指標（parsimonious normed fit index；PNFI）

PNFI 主要是使用在比較不同自由度的模式。當比較不同的模式時，.06 至.09 的差別，被視為是模式間具有差異存在。也有學者建議若不做模式的比較時，可採用 PNFI 值在.50 以上為模式通過與否的標準。

（b）Akaike 訊息標準指標（Akakie information criterion；AIC）

在判斷模式是否可被接受時，通常採用假設模型的 AIC 值必須比飽和模型以及獨立模型的 AIC 值還小。若作為競爭模型的選擇時，AIC 值越小越好。

D.模型修飾

當參數估計的結果不如預期，也就是說，假設模型與觀察資料的契合度不足時，可以利用不同的程式與方法進行模式的修正，以提高模型的契合度，稱為模型修飾（model modification）。可以檢視 AMOS 統計軟體中所提供的修正指標（modification index；MI 指標）來進行參數的增加或刪除。然而，雖然 SEM 分析軟體提供了參數增減的參考資訊，但應避免作過度的修飾；或者在進行模式修飾時，必須提出合於理論的解釋。

5.3 結果：驗證型因素分析結果與路徑模型檢驗結果

5.3.1 各研究變項的敘述性統計

本節主要目的在於說明各研究變項的描述統計。是利用描述各研究變項之全量表與分量表的得分情形，來瞭解受訪者在各研究變項得分的平均數與標準差，繼而得知其集中與分散之情形。

根據表 5-3 顯示，在各個研究變項中，全體受訪者在「領導者」、「市場商機」、「人才團隊」、「行銷策略」、「產品價值」、「顧客滿意」及「成功」的得分分別 4.19、4.24、4.10、4.15、4.35、4.21 及 4.27，皆介於「有點同意」與「同意」之間，顯示全體受訪者認為其任職之企業在這幾個變項上具有正面的行為，其中以「顧客滿意」為最高（M＝4.35）。

另外，將各個研究變項分開來看，在「領導者」方面，「勾勒願景能力」（M＝4.14）、「組織領導能力」（M＝4.11）及「情勢掌握能力」（M＝4.32）之得分皆介於「有點同意」與「同意」之間，顯示受訪者認為其所屬企業之領導者在這三個因素中具有正向行為。而在重復量變異數分析（F 檢定）的結果顯示，三個因素之間有顯著的差異（F＝6221.63，P＜.001），其中以「情勢掌握能力」顯著高於其他因素。在「市場商機」中，「市場商機掌握」（M＝4.29）、「市場商機因應」（M＝4.27）及「因應競爭對手」（M＝4.16）之得分皆亦介於「有點同意」與「同意」之間。在 F 檢定的結果顯示，三個因素之間亦有顯著的差異（F＝6249.08，P＜.001），其中「因應競爭對手」顯著低於「市場商機掌握」及「市場商機因應」之因素。在「人才團隊」方面，「核心幹部」（M＝4.24）、「管理制度」（M＝4.15）及「一線人員」（M＝4.28）之得分皆介於「有點同意」與「同意」之間，但在「員工滿意」（M＝3.72）上卻介於在「不太同意」與「同意」之間，顯示受訪者在「員工滿意」部分較為負向。再經 F 檢定發現，三個因素之間亦有顯著的差異（F＝5455.51，P＜.001），其中「員工滿意」顯著低於其他因素。

在「行銷策略」中，「市場開發」（M＝4.16）、「行銷方案」（M＝4.14）及「業務制度」（M＝4.11）之得分；在「產品價值」方面，其「實用性」（M＝4.33）、「象徵性」（M＝4.34）、「服務品質」（M＝4.39）及「研發創新」（M＝4.32）之得分；及在「顧客滿意」中，「滿意程度」（M＝4.23）、「顧客後續行動」（M＝4.20）之得分；與『成功』部份，「績效指標」（M＝4.26）、「市場與社會價值」（M＝4.28）之得分，全部結果皆介於「有點同意」與「同意」之間。另外，再經 F 檢定結果顯示，在這四個研究變項中，其各所屬因素之間亦全部具有顯著的差異，但卻無法從中辨別之間的差異性為何。

5.3.2 信度分析

信度分析主要是在檢驗各個研究變項中所建構的因素量表是否呈現內部一致性，以確認本研究所使用的問卷具有良好的信度。由表 5-4「各研究變項之信度係數」可見，無論是「領導者量表」、「市場商機量表」、「人才團隊量表」、「行銷策略量表」、「產品價值量表」、「顧客滿意量表」及「成功量表」，其整體量表之 Cronbach'α 係數值及各所屬因素的 Cronbach'α 係數值均呈現良好的內部一致性，其 Cronbach'α 係數皆大於.70 以上，顯示本研究所使用的問卷具有良好的高信度。

表 5-3　研究對象在各研究變項的得分情形

量表名稱 因素名稱	全體（N=353） 平均數	 標準差	 F test	 事後考驗
領導者				
1 勾勒願景能力	4.14	1.09		3>1 3>2
2 組織領導能力	4.11	1.15		
3 情勢掌握能力	4.32	1.05		
整體量表	4.19	0.05	6221.63***	
市場商機				
1 市場商機掌握	4.29	1.03		1>3 2>3
2 市場商機因應	4.27	1.05		
3 因應競爭對手	4.16	1.10		
整體量表	4.24	0.05	6249.08***	
人才團隊				
1 核心幹部	4.24	1.13		1>2，1>3 2>3，4>2 4>3
2 管理制度	4.15	1.07		
3 員工滿意	3.72	1.26		
4 一線人員	4.28	1.04		
整體量表	4.10	0.06	5455.51***	
行銷策略				
1 市場開發	4.16	1.08		
2 行銷方案	4.14	1.06		
3 業務制度	4.12	1.21		
整體量表	4.11	0.06	5276.23***	
產品價值				
1 實用性	4.33	1.12		
2 象徵性	4.34	1.11		
3 服務品質	4.39	1.06		
4 研發創新	4.32	1.19		
整體量表	4.35	0.05	6509.42***	
顧客滿意				
1 滿意程度	4.23	1.07		
2 顧客後續行動	4.20	0.96		
整體量表	4.21	0.05	6539.20***	
成功				
1 績效指標	4.26	1.09		
2 市場與社會價值	4.28	1.09		
整體量表	4.27	0.06	5779.60***	

注：***表 P<.001 達顯著水準

表 5-4　各研究變項之信度係數

因素名稱	Cronbach'α	因素名稱	Cronbach'α
領導者		市場商機	
勾勒願景能力	.87	市場商機掌握	.89
組織領導能力	.86	市場商機因應	.87
情勢掌握能力	.87	因應競爭對手	.91
整體量表	.92	整體量表	.95
人才團隊		產品價值	
核心幹部	.82	實用性	.84
管理制度	.79	象徵性	.92
員工滿意	.88	服務品質	.87
一線人員	.80	研發創新	.94
整體量表	.94	整體量表	.95
顧客滿意		成功	
滿意程度	.85	績效指標	.91
顧客後續行動	.84	市場與社會價值	.87
整體量表	.90	整體量表	.93
行銷策略			
市場開發	.87		
行銷方案	.87		
業務制度	.89		
整體量表	.94		

5.3.3 驗證型因素分析之結果

本節將針對研究變項具有三個以上的因素的測量模型進行驗證性因素分析（Confirmatory Factor Analysis；CFA），以檢驗測量工具的因素結構是否恰當。其各個測量模型之參數估計結果如表 5-5。

表 5-5　各測量模型之參數估計結果

Factors	Items	全體樣本	
		因素負荷量λ	殘差 δ
領導者	勾勒願景能力	.85***	.33***
	組織領導能力	.92***	.20***
	情勢掌握能力	.71***	.55***
市場商機	市場商機掌握	.90***	.21***
	市場商機因應	.94***	.14***
	因應競爭對手	.84***	.37***
人才團隊	核心幹部	.83***	.41***
	管理制度	.90***	.23***
	員工滿意	.84***	.46***
	一線人員	.84***	.32***
行銷策略	市場開發	.87***	.29***
	行銷方案	.94***	.13***
	業務制度	.87***	.36***
產品價值	實用性	.83***	.38***
	象徵性	.90***	.23***
	服務品質	.86***	.29***
	研發創新	.80***	.50***

注：***表 P<.001 達顯著水準

一、「領導者」之測量模型分析

根據表 5-6 顯示，卡方值（χ^2）及自由度（df）均為 0，為飽和模式，且 P 值無法估計。因此模型必須進行修飾工作。經過模型修飾後，結果發現χ^2＝13.05、df＝1、P＝.00，表示假設模型與觀察值之間沒有顯著的差異，顯示模型契合度尚可。在相對適配度方面，部分評鑑指標如 NFI、IFI 及 CFI 等亦通過理想標準。另外，由表 5-5 可得知，「領導者」的各個專案因素負荷量（factor loading）介於.71～.92 之間，各參數皆達顯著水準。

表 5-6 「領導者」測量模型之適配度評鑑指標

適配度評鑑指標	理想評鑑標準	適配度評鑑結果	
		修飾前	修飾後
絕對適配指標			
χ^2 test	P≧.05	χ^2＝0.00 df＝0 P＝無法估計	χ^2＝13.05 df＝1 P＝.00*
RMSEA	≦.08	－	.19
相對適配指標			
NFI	≧.90	1.00*	.98*
RFI	≧.90	－	.85
IFI	≧.90	1.00*	.98*
TLI	≧.90	－	.86
CFI	≧.90	1.00*	.98*

注：*模式契合度佳

二、「市場商機」之測量模型分析

根據表 5-7 顯示，卡方值（χ^2）及自由度（df）均為 0，為飽和模式，且 P 值無法估計。因此模型必須進行修飾工作。經過模型修飾後，結果發現χ^2＝0.07、df＝1、P＝.80，表示假設模型與觀察值之間沒有顯著的差異，顯示模型契合度佳。在適配度方面，RMSEA 及與相對適配的 NFI、RFI、IFI、TLI 及 CFI 等評鑑指標亦通過理想標準。由表 5-5 可知，「市場商機」的各專案因素負荷量介於.84～.94 之間，其參數皆達顯著水準。

表 5-7 「市場商機」測量模型之適配度評鑑指標

適配度評鑑指標	理想評鑑標準	適配度評鑑結果	
		修飾前	修飾後
絕對適配指標			
χ^2 test	P≧.05	χ^2＝0.00 df＝0 P＝無法估計	χ^2＝0.07 df＝1 P＝.80*
RMSEA	≦.08	－	.00*
相對適配指標			
NFI	≧.90	1.00*	1.00*
RFI	≧.90	－	1.00*
IFI	≧.90	1.00*	1.00*
TLI	≧.90	－	1.00*
CFI	≧.90	1.00*	1.00*

注：*模式契合度佳

三、「人才團隊」之測量模型分析

根據表 5-8「人才團隊測量模型之適配度評鑑指標」內容顯示，χ^2＝10.47、df＝2、P＝.01，表示假設模型與觀察值之間有顯著的差異。因此模型必須進行修飾工作。經殘差修飾後，結果發現χ^2＝2.45，df＝1，P＝.12，顯示模型契合度頗佳。而且在適配度方面，RMSEA 及與相對適配的 NFI、RFI、IFI、TLI 及 CFI 等評鑑指標全部通過理想標準。另外，由表 5-5 可得知，「人才團隊」的各個專案因素負荷量介於.83～.90 之間，各參數皆達顯著水準。

四、「行銷策略」之測量模型分析

根據表 5-9 顯示，卡方值（χ^2）及自由度（df）均為 0，為飽和模式，且 P 值無法估計。因此模型必須進行修飾工作。經過模型修飾後，結果發現χ^2＝0.73、df＝1、P＝.79，表示假設模型與觀察值之間沒有顯著的差異，顯示模型契合度佳。在適配度方面，RMSEA 及與相對適配的 NFI、RFI、IFI、TLI 及 CFI 等評鑑指標亦通過理想標準。另外，由表 5-5 可得知，「行銷策略」的各專案因素負荷量介於.87～.94 之間，其參數皆達顯著水準。

表 5-8　「人才團隊」測量模型之適配度評鑑指標

適配度評鑑指標	理想評鑑標準	適配度評鑑結果	
		修飾前	修飾後
絕對適配指標			
χ^2 test	P≧.05	χ^2＝10.47　df＝2 P＝.01	χ^2＝2.45　df＝1 P＝.12*
RMSEA	≦.08	.11	.06*
相對適配指標			
NFI	≧.90	.99*	1.00*
RFI	≧.90	.95*	.97*
IFI	≧.90	.99*	1.00*
TLI	≧.90	.96*	.99*
CFI	≧.90	.99*	1.00*

注：*模式契合度佳

表 5-9　「行銷策略」測量模型之適配度評鑑指標

適配度評鑑指標	理想評鑑標準	適配度評鑑結果	
		修飾前	修飾後
絕對適配指標			
χ^2 test	P≧.05	χ^2＝0.00　df＝0 P＝無法估計	χ^2＝0.73　df＝1 P＝.79*
RMSEA	≦.08	−	.00*
相對適配指標			
NFI	≧.90	1.00*	1.00*
RFI	≧.90	−	1.00*
IFI	≧.90	1.00*	1.00*
TLI	≧.90	−	1.00*
CFI	≧.90	1.00*	1.00*

注：*模式契合度佳

五、「產品價值」之測量模型分析

根據表 5-10 顯示，χ^2＝5.31、df＝2、P＝.07，表示假設模型與觀察值之間沒有顯著的差異，且模型完全契合。因此不需進行模型修飾。在適配度方面，RMSEA 及與相對適配的 NFI、RFI、IFI、TLI 及 CFI 等評鑑指標亦全部通過理想標準。另外，由表 5-5 可得知，「產品價值」的各個專案因素負荷量介於.80～.90 之間，各參數皆達顯著水準。

表 5-10　「產品價值」測量模型之適配度評鑑指標

適配度評鑑指標	理想評鑑標準	適配度評鑑結果	
		修飾前	修飾後
絕對適配指標			
χ^2 test	P≧.05	χ^2＝5.31　df＝2 P＝.07*	–
RMSEA	≦.08	.07*	–
相對適配指標			
NFI	≧.90	.99*	–
RFI	≧.90	.97*	–
IFI	≧.90	1.00*	–
TLI	≧.90	.98*	–
CFI	≧.90	1.00*	–

注：*模式契合度佳

5.3.4 結構方程模式之路徑模型檢驗

本節是以結構方程模式的潛在變項路徑模型（Path analysis with latent variable）來針對本研究所提出的服務業關鍵成功因素之整體模型進行檢驗。分析結果說明如下：

圖 5-4 是利用 AMOS 統計軟體所描繪出帶有潛在變項的結構方程模式路徑分析圖。各潛在變項的預測指標變項（Indicator variables）方面，外衍潛在變項為「領導者」（ξ_1），其中以「勾勒願景能力」（X_1）、「組織領導能力」（X_2）、「情勢掌握能力」（X_3）

為指標。而內衍潛在變項方面共有六個變項，分別為『成功』（η_1）變項，以「績效指標」（Y_1）、「市場與社會價值」（Y_2）為指標；「顧客滿意」（η_2），以「滿意程度」（Y_3）、「顧客後續行動」（Y_4）為指標；「產品價值」（η_3），是以「實用性」（Y_5）、「象徵性」（Y_6）、「服務品質」（Y_7）及「研發創新」（Y_8）為指標；而「行銷策略」（η_4）的指標變項分別是「市場開發」（Y_9）、「行銷方案」（Y_{10}）及「業務制度」（Y_{11}）；在「人才團隊」（η_5）變項是以「核心幹部」（Y_{12}）、「管理制度」（Y_{13}）、「員工滿意」（Y_{14}）及「一線人員」（Y_{15}）為指標；最後一個內衍潛在變項為『市場商機』（η_6），則以「市場商機能力」（Y_{16}）、「市場因應能力」（Y_{17}）及「因應競爭能力」（Y_{18}）為指標。

依據上述所設定之結構方程模式，先進行模型適配度檢定，然後以最大概似估計法進行參數推估，並說明參數推估結果、相關變數間的關係及其影響效果。

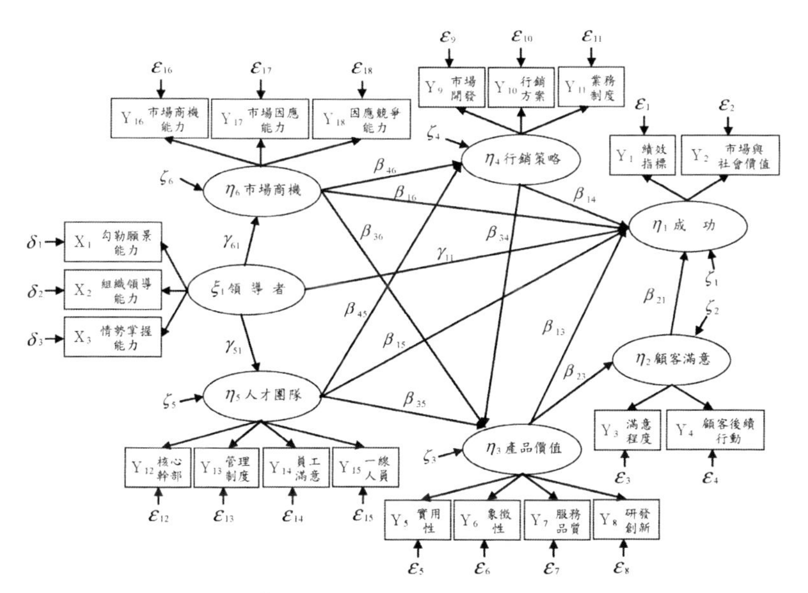

圖 5-4　「服務業關鍵成功因素」之參數模型

一、模型適配度檢定

本研究所提出之理論模式與觀察資料之整體適配度檢定結果列於表 5-11。在絕對適配指標當中，$\chi^2 = 548.63$、df＝175、P＝.00，達顯著水準；ECVI 值為 2.00，雖然小於獨立模式（Independence Model）之 21.9，但是大於飽和模式（Saturated Model）之 1.43；而 RMSEA＝.07 則符合理想標準。在相對適配指標方面，NFI=.93、RFI=.91、IFI=.95、TLI＝.93 及 CFI＝.95，皆達大於.90 之要求標準。在簡效適配指標方面，PNFI=.70，達到大於.50 的標準；而 AIC 值為 702.63，雖然小於獨立模型的 7710.08，但卻大於飽和模式的 504.00。

由上述的資料可知，本模式的整體適配度檢定結果堪稱理想，多數的適配度指標大部份皆達理想標準。也就是說，本研究之假設模型與觀察資料具有相當程度的契合度。因此，「服務業關鍵成功因素」假設之路徑模型不但能夠得到驗證，更可以有效預測各個主要研究變項之間的關係。故支援【假設 H3】。

H3.「服務業關鍵成功因素」假設之路徑模型能夠得到驗證，並可以有效預測各個主要研究變項之間的關係。

表 5-11　「服務業關鍵成功因素」假設模型之適配度評鑑指標

適配度評鑑指標	理想評鑑標準	適配度評鑑結果
絕對適配指標		
χ^2 test	P≧.05	χ^2＝548.63　df＝175　P＝.00*
ECVI	1.愈小愈好 2.＜飽和模式 3.＜獨立模式	2.00（原始）＞ 1.43（飽和） 2.00（原始）＜21.90（獨立）
RMSEA	≦.08	.07*
相對適配指標		
NFI	≧.90	.93*
RFI	≧.90	.91*
IFI	≧.90	.95*
TLI	≧.90	.93*
CFI	≧.90	.95*
簡效適配指標		
PNFI	≧.50	.70*
AIC	1.愈小愈好 2.＜飽和模式 3.＜獨立模式	702.63（原始）＞ 504.00（飽和） 702.63（原始）＜7710.08（獨立）

注：*模式契合度佳

表 5-12　「服務業關鍵成功因素」之參數估計

影響方向	估計係數	標準誤	C.R.值	P 值
ξ_1 領導者→η_6 市場商機	.89	.06	16.71	***
ξ_1 領導者→η_5 人才團隊	.87	.06	14.82	***
η_6 市場商機→η_4 行銷策略	.20	.05	3.78	***
η_5 人才團隊→η_4 行銷策略	.76	.06	12.04	***
η_6 市場商機→η_3 產品價值	.17	.05	3.44	***
η_5 人才團隊→η_3 產品價值	.24	.09	2.70	**
η_4 行銷策略→η_3 產品價值	.56	.10	5.95	***
η_3 產品價值→η_2 顧客滿意	.90	.05	18.25	***
ξ_1 領 導 者→η_1 成功	.11	.14	.86	.39
η_6 市場商機→η_1 成功	.05	.10	.56	.57
η_5 人才團隊→η_1 成功	-.19	.12	-1.52	.13
η_4 行銷策略→η_1 成功	.44	.13	3.45	***
η_3 產品價值→η_1 成功	.09	.16	.55	.58
η_2 顧客滿意→η_1 成功	.47	.10	4.71	***
ξ_1 領導者→X_1 勾勒願景能力	1.00			
ξ_1 領導者→X_2 組織領導能力	1.13	.06	17.63	***
ξ_1 領導者→X_3 情勢掌握能力	.99	.06	16.83	***
η_6 市場商機→Y_{16} 市場商機掌握	1.00			
η_6 市場商機→Y_{17} 市場商機因應	1.02	.04	26.48	***
η_6 市場商機→Y_{18} 因應競爭對手	1.01	.04	22.92	***
η_5 人才團隊→Y_{12} 核心幹部	1.00			
η_5 人才團隊→Y_{13} 管理制度	1.01	.05	2.87	***
η_5 人才團隊→Y_{14} 員工滿意	1.11	.06	18.82	***
η_5 人才團隊→Y_{15} 一線人員	.96	.05	2.00	***
η_4 行銷策略→Y_9 市場開發	1.00			
η_4 行銷策略→Y_{10} 行銷方案	1.07	.04	25.46	***
η_4 行銷策略→Y_{11} 業務制度	1.14	.05	21.80	***
η_3 產品價值→Y_5 實用性	1.00			
η_3 產品價值→Y_6 象徵性	1.04	.05	21.21	***
η_3 產品價值→Y_7 服務品質	.97	.05	2.47	***
η_3 產品價值→Y_8 研發創新	1.05	.06	19.17	***
η_2 顧客滿意→Y_3 滿意程度	1.00			
η_2 顧客滿意→Y_4 顧客後續行動	.88	.04	23.27	***
η_1 成功→Y_1 績效指標	1.00			
η_1 成功→Y_2 市場社會價值	1.08	.04	24.39	***

注：***表 P<.001　**表 P<.01 達顯著水準

二、各個研究變項之間的關係

影響台灣服務業關鍵成功因素的「領導者」、「市場商機」、「人才團隊」、「行銷策略」、「產品價值」與「顧客滿意」之結構關係如表 5-12。由資料所示，「領導者」對「市場商機」、「人才團隊」;『市場商機』對「行銷策略」、「產品價值」;「人才團隊」對「行銷策略」、「產品價值」;「行銷策略」對「產品價值」;「產品價值」對「顧客滿意」;「顧客滿意」對「成功」之間均存在著線性正向關係，皆呈顯著水準。

根據上述分析結果，針對本研究之假設一的驗證結果加以說明：

（1）假設 H1-1：

若「領導者」評分越高，則「市場商機」的評分也會越高。

在模式的推估結果中，「領導者」對「市場商機」的關係中，其直接效果為.89（P＜.001）呈顯著水準，說明兩變數之間存在著線性正向關係。因此當「領導者」評分越高，則「市場商機」的評分也會越高。故支援【假設 H1-1】。

（2）假設 H1-2：

若「領導者」評分越高，則「人才團隊」的評分也會越高。

在「領導者」對「人才團隊」的關係中，研究驗證結果，兩者之間具有高度的正向關係，其直接效果為.87（P＜.001）呈顯著水準，說明出當「領導者」評分越高，則「人才團隊」的評分也會越高。故支援【假設 H1-2】。

（3）假設 H1-3：

「人才團隊」評分越高，則「產品價值」的評分也會越高。

在模式的推估結果中，「人才團隊」對「產品價值」的關係中，其直接效果為.24（P＜.01）呈顯著水準，說明兩變數之間存在著線性正向關係。因此當「人才團隊」評分越高，則「產品價值」的評分也會越高。故支援【假設 H1-3】。

（4）假設 H1-4：

若「人才團隊」評分越高，則「行銷策略」的評分也會越高。

在「人才團隊」對「行銷策略」的關係中，研究驗證結果，兩者之間具有高度的正向關係，其直接效果為.76（P＜.001）呈顯著水準，說明出當「人才團隊」評分越高，則「行銷策略」的評分也會越高。故支援【假設 H1-4】。

（5）假設 H1-5：

若「市場商機」評分越高，則「行銷策略」的評分也會越高。

在模式的推估結果中，「市場商機」對「行銷策略」的關係中，其直接效果為.20（P＜.001）呈顯著水準，說明兩變數之間存在著線性正向關係。因此當「市場商機」評分越高，則「行銷策略」的評分也會越高。故支援【假設 H1-5】。

（6）假設 H1-6：

若「市場商機」評分越高，則「產品價值」的評分也會越高。

在「市場商機」對「產品價值」的關係中，研究驗證結果，兩者之間具有高度的正向關係，其直接效果為.17（P＜.001）呈顯著水準，說明出當「市場商機」評分越高，則「產品價值」的評分也會越高。故支援【假設 H1-6】。

（7）假設 H1-7：

若「行銷策略」評分越高，則「產品價值」的評分也會越高。

在模式的推估結果中，「行銷策略」對「產品價值」的關係中，其直接效果為.56（P＜.001）呈顯著水準，說明兩變數之間存在著線性正向關係。因此當「行銷策略」評分越高，則「產品價值」的評分也會越高。故支援【假設 H1-7】。

（8）假設 H1-8：

若「產品價值」評分越高，則「顧客滿意」的評分也會越高。

在「產品價值」對「顧客滿意」的關係中，研究驗證結果，兩者之間具有高度的正向關係，其直接效果為.90（P＜.001）呈顯著水準，說明出當「產品價值」評分越高，則「顧客滿意」的評分也會越高。故支援【假設 H1-8】。

（9）假設 H1-9：

若「顧客滿意」評分越高，則服務業經營「成功」的評分也會越高。

在模式的推估結果中，「顧客滿意」對「成功」的關係中，其直接效果為.47（P＜.001）呈顯著水準准，說明兩變數之間存在著線性正向關係。因此當「顧客滿意」評分越高，則「成功」的評分也會越高。故支援【假設 H1-9】。

三、各個研究變項之間的影響效果

本研究主要是要探討影響台灣服務業關鍵成功因素之間的關係，藉由圖 5-5 來說明變項之間的直接效果（direct effect）、間接效果(indirect effect)與整體效果(total effect)，以瞭解潛在自變項對潛在依變項的直接影響，及透過其他潛在依變項仲介的間接影響。在潛在變項的路徑分析（LV-PA，λ）中，直接效果是兩個潛在變項間具單一直線關係的結構係數，也就是模式 Beta（β）與 Gamma（γ）係數。間接效果則是兩個潛在變項間不具直接的直線關係，是經由其他路徑影響的結構係數。整體效果則是直接效果與所有間接效果的總和。透過效果的檢定，便可瞭解變項之間的線性結構關係。

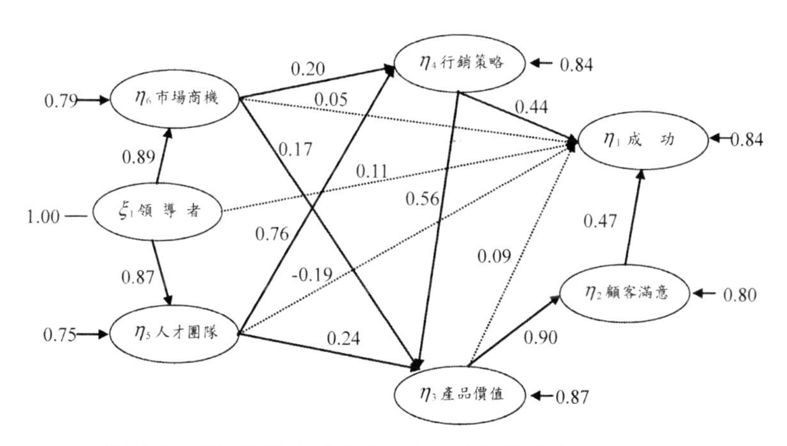

圖 5-5　「服務業關鍵成功因素」之標準化參數估計模式

根據表 5-13 來分析各個潛在變項之間的影響效果。

（1）「領導者」與各潛在變項之間的整體效果

「領導者」對「市場商機」的直接效果為.89、對「人才團隊」的直接效果為.87，其係數強度皆十分理想，P 值均達＜.001 的顯著水準；但其潛在變項間皆不具間接效果，故對「市場商機」的整體效果為.89、對「人才團隊」的整體效果為.87。另外，「領導者」對「行銷策略」、「產品價值」及「顧客滿意」僅存在顯著的間接影響，故整體效果分別為.83、.83、.74。最後，「領導者」與「成功」之間，不具顯著的直接效果，其值為.11，但「領導者」會藉由「市場商機」或「人才團隊」，透過「行銷策略」來影響「成功」；也可藉由「市場商機」或「人才團隊」，透過「行銷策略」，再經由「產品價值」、「顧客滿意」繼而影響「成功」；最後亦可藉由「市場商機」或「人才團隊」，透過「產品價值」、「顧客滿意」來影響「成功」。其之間具有六條顯著的間接路徑，效果值為.67，故整體效果為.78。

從上述數值可說明，當增加一個單位的「領導者」變動時，會對「市場商機」、「人才團隊」、「行銷策略」、「產品價值」、「顧客滿意」及「成功」，分別造成 89%、87%、83%、83%、74%及 78%的影響程度。由此可見，「領導者」對這六大潛在變項具有高度的影響力。

(2)「市場商機」與各潛在變項之間的整體效果

「市場商機」對「行銷策略」的直接效果為.20，P 值達＜.001 的顯著水準；但其潛在變項間皆不具間接效果，故對「行銷策略」的整體效果為.20。另外，「市場商機」對「產品價值」的直接效果為.17（P＜.001）達顯著水準，且之間會透過「行銷策略」產生.11 的間接效果，故整體效果為.28。而「市場商機」對「顧客滿意」僅存在顯著的間接影響，因此整體效果為.25。最後，「市場商機」對「成功」不具顯著的直接效果，其值為.05，但「市場商機」會藉由「行銷策略」來影響「成功」；也可藉由「行銷策略」透過「產品價值」，再經由「顧客滿意」來影響「成功」；最後亦可藉由「產品價值」透過「顧客滿意」來影響「成功」。其之間具有三條顯著的間接路徑，效果值為.23，故整體效果為.28。

從上述數值可說明，當增加一個單位的「市場商機」變動時，會對「行銷策略」、「產品價值」、「顧客滿意」及「成功」，分別造成 20%、28%、25%及 28%的影響程度。

(3)「人才團隊」與各潛在變項之間的整體效果

「人才團隊」對「行銷策略」的直接效果為.76，P 值達＜.001 的顯著水準；但其潛在變項間皆不具間接效果，故對「行銷策略」的整體效果為.76。另外，「人才團隊」對「產品價值」的直接效果為.24（P＜.01）達顯著水準，且之間會透過「行銷策略」產生.43 的間接效果，故整體效果為.67。而「人才團隊」對「顧客滿意」

僅存在顯著的間接影響，因此整體效果為.60。最後，「人才團隊」對「成功」不具顯著的直接效果，其值-.19，但「人才團隊」會藉由「行銷策略」來影響「成功」；也可藉由「行銷策略」透過「產品價值」，再經由「顧客滿意」來影響「成功」；最後亦可藉由「產品價值」透過「顧客滿意」來影響「成功」。其之間具有三條顯著的間接路徑，效果值為.67，故整體效果為.48。

從上述數值可說明，當增加一個單位的「人才團隊」變動時，會對「行銷策略」、「產品價值」、「顧客滿意」及「成功」，分別造成 76%、67%、60%及 48%的影響程度。

（4）「行銷策略」與各潛在變項之間的整體效果

「行銷策略」對「產品價值」的直接效果為.56，P 值達＜.001 的顯著水準；但其潛在變項間皆不具間接效果，故對「產品價值」的整體效果為.56。另外，「行銷策略」對「顧客滿意」僅存在間接影響，因此整體效果為.05。最後，「行銷策略」對「成功」的直接效果為.44，P 值達＜.001 的顯著水準；其潛在變項間亦存在顯著的間接效果為.28，故整體效果為.72。

從上述數值可說明，當增加一個單位的「行銷策略」變動時，會對「產品價值」、「顧客滿意」及「成功」，分別造成 56%、50%及 72%的影響程度。

（5）「產品價值」與各潛在變項之間的整體效果

「產品價值」對「顧客滿意」的直接效果為.90，P 值達＜.001 的顯著水準；但其潛在變項間皆不具間接效果，故對「產品價值」的整體效果為.90。另外，「產品價值」對「成功」不具顯著的直接效果，其值為.09，但「產品價值」會藉由「顧客滿意」來影響「成功」，具有顯著的間接路徑，其效果值為.42，故整體效果為.51。

從上述數值可說明，當增加一個單位的「產品價值」變動時，會對「顧客滿意」及「成功」，分別造成 90%及 51%的影響程度。

（6）「顧客滿意」與各潛在變項之間的整體效果

「顧客滿意」對「成功」的直接效果為.47，P 值達＜.001 的顯著水準；但其潛在變項間不具間接效果，故對「成功」的整體效果為.47。因此，當增加一個單位的「顧客滿意」變動時，對於「成功」也具有 47%的影響程度。

綜合以上所述，在各個研究變項之間的影響效果中，發現「領導者」、「市場商機」、「人才團隊」、「行銷策略」、「產品價值」及「顧客滿意」，對於服務業經營「成功」皆存在整體效果，其整體效果值分別為.78、.28、.48、.72、.51、.47。因此，當這六大潛在變項分別增加其每一單位變動時，對於「成功」均分別具有 78%、28%、48%、72%、51%及 47%的影響程度。因此，針對本研究假設 H2，其【假設 H2-1】、【假設 H2-2】、【假設 H2-3】、【假設 H2-4】、【假設 H2-5】、【假設 H2-6】均獲得支援。

另外我們亦可發現，「領導者」及「行銷策略」之潛在變項，對於服務業經營「成功」最具有高度影響力；其次為「人才團隊」、「產品價值」及「顧客滿意」；而「市場商機」之潛在變項對服務業經營「成功」的影響力相對較薄弱。

表 5-13　潛在變項路徑分析結構模型各項效果分解說明

	自變項	依變項（內衍潛在變項）					
		η_1 成功	η_2 顧客滿意	η_3 產品價值	η_4 行銷策略	η_5 人才團隊	η_6 市場商機
外衍變項	ξ_1 領導者						
	直接	.11	—	—	—	.87	.89
	間接	.67	.74	.83	.83	—	—
	整體	.78	.74	.83	.83	.87	.89
內衍變項	η_6 市場商機						
	直接	.05	—	.17	.20		
	間接	.23	.25	.11	—		
	整體	.28	.25	.28	.20		
	η_5 人才團隊						
	直接	-.19	—	.24	.76		
	間接	.67	.60	.43	—		
	整體	.48	.60	.67	.76		
	η_4 行銷策略						
	直接	.44	—	.56			
	間接	.28	.50	—			
	整體	.72	.50	.56			
	η_3 產品價值						
	直接	.09	.90				
	間接	.42	—				
	整體	.51	.90				
	η_2 顧客滿意						
	直接	.47					
	間接	—					
	整體	.47					

5.3.5 理論模型之優化

根據本研究先前由實踐專家所進行的質性探索研究，歸納出六個關鍵成功因素，分別為「領導者」、「市場商機」、「人才團隊」、「行銷策略」、「產品價值」及「顧客滿意」。但根據早期 Daniel(1961)

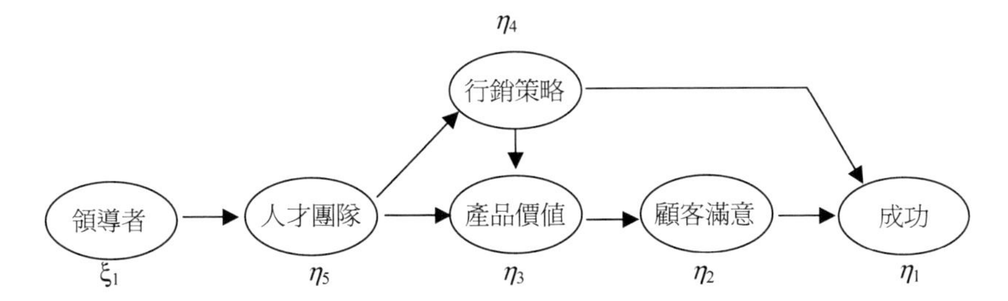

與本研究之觀點：服務業的關鍵成功因素應該是三到六個，而且是越少越為關鍵。然而從結構方程模式之路徑模型檢驗後發現，「市場商機」之潛在變項對服務業經營「成功」的影響力相對其他因素顯得較為薄弱。有鑒於此，本研究決定嘗試刪除「市場商機」之潛在變數，重新編制「服務業關鍵成功因素」假設模型（見圖 5-6），再利用 AMOS 軟體進行第二次的 SEM 檢驗。

圖 5-6　「服務業關鍵成功因素」之重新編制後模型結構關係圖

由表 5-14 可知，在絕對適配指標當中，$\chi^2 = 289.65$、df＝125、P＝.00，達顯著水準；ECVI 值為 1.19，雖然小於獨立模式（Independence Model）之 17.91，但是大於飽和模式（Saturated Model）之 1.07；而 RMSEA＝.06 則符合理想標準。在相對適配指標方面，NFI=.95、RFI=.94、IFI=.97、TLI＝.96 及 CFI＝.97，皆達大於.90 之要求標準。在簡效適配指標方面，PNFI=.7，達到大於.50 的標準；而 AIC 值為 417.65，雖然小於獨立模型的 6304.78，但卻大於飽和模式的 378.00。由上述的資料可知，重新編制後的模式整體適配度，不但多數指標大部份皆達理想標準，且皆優於重新編制前的假設模型，檢定結果堪稱理想。

另外，見表 5-15 及表 5-16 顯示，「領導者」對「人才團隊」的直接效果為.85，P 值達＜.001 的顯著水準；但其潛在變項間皆不具間接效果，故對「人才團隊」的整體效果為.85。另外，「領導者」對「行銷策略」、「產品價值」及「顧客滿意」僅存在顯著的間接影響，故整體效果分別為 .78、.76、.69。最後，「領導者」與「成功」之間，不具顯著的直接效果，其值為.16，但「領導者」會藉由「人才團隊」，透過「行銷策略」來影響「成功」；也可藉由「人才團隊」，透過「行銷策略」，再經由「產品價值」、「顧客滿意」繼而影響「成功」；最後亦可藉由「人才團隊」，透過「產品價值」、「顧客滿意」來影響「成功」。其之間具有三條顯著的間接路徑，效果值為.57，故整體效果為.73。從上述數值可說明，當增加一個單位的「領導者」變動時，會對「人才團隊」、「行銷策略」、「產品價值」、「顧客滿意」及「成功」，分別造成 85%、78%、76%、69%及 73%的影響程度。由此可見，「領導者」對這五大潛在變項具有高度的影響力。

表 5-14　「服務業關鍵成功因素」假設模型之適配度評鑑指標

適配度評鑑指標	理想評鑑標準	適配度評鑑結果	
		重新編制前	重新編制後
絕對適配指標			
χ^2 test	P≧.05	χ^2＝548.63 df＝175 P＝.00*	χ^2＝289.65 df＝125 P＝.00*
ECVI	1.愈小愈好 2.＜飽和模式 3.＜獨立模式	ECVI＝2.00 ＞1.43（飽和） ＜21.90（獨立）	ECVI＝1.19 ＞1.07（飽和） ＜17.91（獨立）
RMSEA	≦.08	.07*	.06*
相對適配指標			
NFI	≧.90	.93*	.95*
RFI	≧.90	.91*	.94*
IFI	≧.90	.95*	.97*
TLI	≧.90	.93*	.96*
CFI	≧.90	.95*	.97*
簡效適配指標			
PNFI	≧.50	.70*	.70*
AIC	1.愈小愈好 2.＜飽和模式 3.＜獨立模式	AIG＝702.63 ＞504.00（飽和） ＜7710.08(獨立）	AIG＝417.65 ＞378.00（飽和） ＜6304.78(獨立）

注：*模式契合度佳

表 5-15　「服務業關鍵成功因素」之參數估計

影響方向	估計係數	標準誤	C.R.值	P 值
ξ_1 領導者→η_5 人才團隊	.85	.06	15.47	***
η_5 人才團隊→η_4 行銷策略	.92	.05	17.67	***
η_5 人才團隊→η_3 產品價值	.36	.10	3.65	***
η_4 行銷策略→η_3 產品價值	.59	.10	5.87	***
η_3 產品價值→η_2 顧客滿意	.90	.05	18.35	***
ξ_1 領導者→η_1 成功	.16	.08	2.18	.29
η_5 人才團隊→η_1 成功	-.24	.14	-1.67	.10
η_4 行銷策略→η_1 成功	.46	.13	3.49	***
η_3 產品價值→η_1 成功	.15	.16	.92	.36
η_2 顧客滿意→η_1 成功	.45	.10	4.39	***

在「人才團隊」方面，「人才團隊」對「行銷策略」的直接效果為.92，P 值達<.001 的顯著水準；但其潛在變項間皆不具間接效果，故對「行銷策略」的整體效果為 .92。而「人才團隊」對「產品價值」的直接效果為.36（P<.001）達顯著水準，且之間會透過「行銷策略」產生.54 的間接效果，故整體效果為.90。而「人才團隊」對「顧客滿意」僅存在顯著的間接影響，因此整體效果為.81。最後，「人才團隊」對「成功」不具顯著的直接效果，其值-.24，但「人才團隊」會藉由「行銷策略」來影響「成功」；也可藉由「行銷策略」透過「產品價值」，再經由「顧客滿意」來影響「成功」；最後亦可藉由「產品價值」透過「顧客滿意」來影響「成功」。其之間具有三條顯著的間接路徑，效果值為.91，故整體效果為.67。從上述數值可說明，當增加一個單位的「人才團隊」變動時，會對「行銷策略」、「產品價值」、「顧客滿意」及「成功」，分別造成 92%、90%、81%及 67%的影響程度。

在「行銷策略」方面，「行銷策略」對「產品價值」的直接效果為.59，P 值達<.001 的顯著水準；但其潛在變項間皆不具間接效果，故對「產品價值」的整體效果為.59。另外，「行銷策略」對「顧客滿意」僅存在間接影響，因此整體效果為.53。最後，「行銷策略」對「成功」的直接效果為.46，P 值達<.001 的顯著水準；其潛在變項間亦存在顯著的間接效果為.32，故整體效果為.78。從上述數值可說明，當增加一個單位的「行銷策略」變動時，會對「產品價值」、「顧客滿意」及「成功」，分別造成 59%、53%及 78%的影響程度。

表 5-16　潛在變項路徑分析結構模型各項效果分解說明

	自變項	依變項（內衍潛在變項）				
		η_1 成功	η_2 顧客滿意	η_3 產品價值	η_4 行銷策略	η_5 人才團隊
外衍變項	ξ_1 領導者					
	直接	.16	—	—	—	.85
	間接	.57	.69	.76	.78	—
	整體	.73	.69	.76	.78	.85
內衍變項	η_5 人才團隊					
	直接	-.24	—	.36	.92	
	間接	.91	.81	.54	—	
	整體	.67	.81	.90	.92	
	η_4 行銷策略					
	直接	.46	—	.59		
	間接	.32	.53	—		
	整體	.78	.53	.59		
	η_3 產品價值					
	直接	.15	.90			
	間接	.40	—			
	整體	.55	.90			
	η_2 顧客滿意					
	直接	.45				
	間接	—				
	整體	.45				

在「產品價值」方面，「產品價值」對「顧客滿意」的直接效果為.90，P 值達＜.001 的顯著水準；但其潛在變項間皆不具間接效果，故對「產品價值」的整體效果為.90。另外，「產品價值」對「成功」不具顯著的直接效果，其值為.15，但「產品價值」會藉由「顧客滿意」來影響「成功」，具有顯著的間接路徑，其效果值為.40，故整體效果為.55。從上述數值可說明，當增加一個單位的「產品

價值」變動時，會對「顧客滿意」及「成功」，分別造成 90%及 55%的影響程度。

在「顧客滿意」方面，「顧客滿意」對「成功」的直接效果為.45，P 值達<.001 的顯著水準；但其潛在變項間不具間接效果，故對「成功」的整體效果為.45。因此，當增加一個單位的「顧客滿意」變動時，對於「成功」也具有 45%的影響程度。

綜合以上所述，在各個研究變項之間的影響效果中，發現「領導者」、「人才團隊」、「行銷策略」、「產品價值」及「顧客滿意」，對於服務業經營「成功」皆存在整體效果，其整體效果值分別為.73、.67、.78、.55、.45。因此，當這五大潛在變項分別增加其每一單位變動時，對於「成功」均分別具有 73%、67%、78%、55%及 45%的影響程度。另外我們亦可發現，「行銷策略」及「領導者」之潛在變項，對於服務業經營「成功」最具有高度影響力；其次依序為「人才團隊」、「產品價值」及「顧客滿意」。

5.4 發現與討論：台灣服務業 KSF「五力模型」

本研究主要目的是要探討台灣本土服務業之關鍵成功因素（key success factor，KSF）。因此在經過文獻回顧之後，再根據本研究先前由實踐專家所進行兩次焦點團體的質性探索研究，歸納出六個關鍵成功因素，包括「領導者」、「市場商機」、「人才團隊」、「行銷策略」、「產品價值」及「顧客滿意」。因此，本研究將這六個主要的預測變項與服務業經營成功間之關聯，依據其假設關係建立一個「服務業關鍵成功因素之關聯模式」，並進行路徑的模型檢驗，以有效解釋所有研究變項的關係。研究樣本係針對 353 位元從事服務業且具有十年以上經驗或擔任經理或店長級以上之實踐專家們來填答一份包括研究變項的問卷，這些資料經過電腦處理之後，使用 SPSS 10.0 中文版及 AMOS 5.0 版軟體進行各項分析。

本研究首先針對各研究變項的測量結果進行逐一分析，以瞭解研究對象對於各個變項議題中的看法與態度。另外，為了檢驗各個研究變項中所建構的因素量表是否呈現內部一致性，因此進行信度分析。結果顯示所有 Cronbach'α 係數皆大於.70 以上，顯示本研究所使用的問卷具有良好的高信度。除此之外，本研究為了檢驗測量工具的因素結構是否恰當，針對有三個以上因素的測量模型進行驗證性因素分析（Confirmatory Factor Analysis；CFA）。結果顯示，其各個測量模型與其所屬觀察值之間皆沒有顯著差異且其適配度均符合標準理想，代表模型契合度佳，亦表示因素結構使用恰當。

最後本研究以結構方程模式的潛在變項之路徑模型（LV－PA）來檢驗整體模型的適切性，並進行參數估計，以瞭解各變項的解釋力，用以檢驗各項假設的支援情形。研究結果發現本研究所建立「服務業關鍵成功因素之關聯模式」獲得相當程度的支援。各項研究假設的結果列於表 5-17。

表 5-17　研究假設的檢驗結果

假設	變項關係	結果
H1	探討各個變項之間的關係，檢驗由本土取向質性探索所建立之理論模型的各條路徑，以建立完整且經過實證檢驗的理論模型。	支援
H1-1	若「領導者」評分越高，則「市場商機」的評分也會越高。	支援
H1-2	若「領導者」評分越高，則「人才團隊」的評分也會越高。	支援
H1-3	若「人才團隊」評分越高，則「產品價值」的評分也會越高。	支援
H1-4	若「人才團隊」評分越高，則「行銷策略」的評分也會越高。	支援
H1-5	若「市場商機」評分越高，則「行銷策略」的評分也會越高。	支援
H1-6	若「市場商機」評分越高，則「產品價值」的評分也會越高。	支援
H1-7	若「行銷策略」評分越高，則「產品價值」的評分也會越高。	支援
H1-8	若「產品價值」評分越高，則「顧客滿意」的評分也會越高。	支援
H1-9	若「顧客滿意」評分越高，則服務業經營「成功」的評分也會越高。	支援
H2	「領導者」、「市場商機」、「人才團隊」、「行銷策略」、「產品價值」及「顧客滿意」等六個預測變項，對於服務業經營「成功」具有「整體」影響效果。	支援
H2-1	「領導者」對服務業經營「成功」具有整體影響效果。	支援
H2-2	「人才團隊」對服務業經營「成功」具有整體影響效果。	支援
H2-3	「市場商機」對服務業經營「成功」具有整體影響效果。	支援
H2-4	「行銷策略」對服務業經營「成功」具有整體影響效果。	支援
H2-5	「產品價值」對服務業經營「成功」具有整體影響效果。	支援
H2-6	「顧客滿意」對服務業經營「成功」具有整體影響效果。	支援
H3	「服務業關鍵成功因素」假設之路徑模型能夠得到驗證，可以有效預測各個主要研究變項之間的關係。	支援

5.4.1 研究發現：具華人本土主位取向的服務業關鍵成功因素

根據本研究依據其假設關係建立一個「服務業關鍵成功因素」之整體模型，再經以上的實證結果發現，本模式的整體適配度檢定結果堪稱理想，多數的適配度指標大部份皆達理想標準。也就是說，本研究之假設模型與觀察資料具有相當程度的契合度。所以「服務業關鍵成功因素」假設之路徑模型不但能夠得到驗證，更可以有效預測各個主要研究變項之間的關係。而且本研究的量表是依據本土實踐專家進行兩次焦點團體的質性探索研究所設計出來的，再經過台灣 353 位從事服務業的實踐專家進行量化實證。因此，本研究模型足以代表台灣本土「主位取向」的服務業關鍵之成功因素。

在整體模型中，各個研究變項間存在著直接或者是間接的影響關係。我們發現在這六大預測變項中，會對服務業經營「成功」最具直接影響效果的僅有「市場策略」及「顧客滿意」之潛在變項。而「領導者」、「市場商機」、「人才團隊」及「產品價值」之潛在變項，則必須透過許多的仲介變數，才會對服務業經營「成功」造成間接影響。由此可見，一個企業倘若必須在最短的時間內突破營業績效瓶頸繼而提升服務業的成功機率，最直接亦最快速的方法就是改善「市場策略」及提升「顧客滿意」。

當然我們也不能忽視其他潛在變項對於服務業經營成功之影響力。從實證結果中，我們可以觀察到「領導者」、「市場商機」、「人才團隊」、「行銷策略」、「產品價值」及「顧客滿意」，對於服務業經營「成功」皆存在著整體效果。而且從相關資料中可得知，當這六大潛在變項分別增加其每一單位變動時，對於「成功」均分別具有 78%、28%、48%、72%、51%及 47%的影響程度，亦表示倘若企業欲增加一個單位的「領導者」變動時，會對服務業經營「成功」提升 78%的影響力。有上述影響程度可見，「領導者」及「行銷策略」之潛在變項，對於服務業經營「成功」最具有高度影響力；其次為「人才團隊」、「產品價值」及「顧客滿意」；而「市場商機」之潛在變項對服務業經營「成功」的影響力卻相對較薄弱。

雖然本研究先前針對服務業關鍵成功因素，歸納出六個潛在變項，但在實務上，服務業之關鍵成功因素最好越少越顯得其關鍵性。既然從結構方程模式之路徑模型檢驗後，發現「市場商機」之潛在變項對服務業經營「成功」的影響力相對其他因素顯得較為薄弱。本研究決定刪除「市場商機」之潛在變數，重新編制「服務業關鍵成功因素」假設模型，再利用 AMOS 軟體進行第二次的 SEM 檢驗。結果，重新編制後的模式整體適配度，不但多數指標大部份皆達理想標準，且皆優於重新編制前的假設模型，檢定結果亦堪稱理想。顯示重新編制後的「服務業關鍵成功因素」整體模型更符合台灣本土服務業之現況。當然經刪減後的五大潛在變項，「領導者」、「人才團隊」、「行銷策略」、「產品價值」及「顧客滿意」對於「成功」均亦分別具有 73%、67%、78%、55%及 45%的影響力，從中可見「行銷策略」對於服務業經營「成功」相較於其他潛在變項更具影響力（如圖 5-7）。

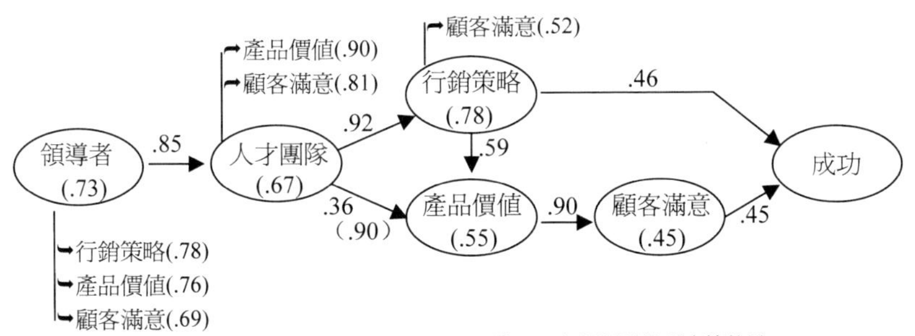

圖 5-7　重新編制後之台灣服務業 KSF「五力模型」結構關係資料圖

這個模型我們暫且稱之為：台灣服務業 KSF「五力模型」，由圖 5-7 亦可以分別說明以下五個因素之作用：

(1)「領導者」的提升對於「人才團隊」、「行銷策略」、「產品價值」及「顧客滿意」、「成功」的整體影響分別為 .85、.78、.76、.69、.73；顯見「領導者」為影響全局之最重要關鍵。但是「領導者」對於「行銷策略」、「產品價值」及「顧客滿意」、「成功」的直接影響效果均不顯著，唯有對於「人才團隊」具有 .85 之直接效果；表示「領導者」的作用是以「人才團隊」作為影響全局之重要的「仲介變項」，也就是說「領導者」必須透過「人才團隊」才能發揮作用。

(2)「人才團隊」為承接「領導者」的重要「仲介變項」，而且對於「行銷策略」、「產品價值」、「顧客滿意」及「成功」的整體影響分別為 .92、.90、.81、.67；因此「人才團隊」亦為影響全局之最重要關鍵。而「人才團隊」的發揮，主要在於「行銷策略」的成功，並且創造「產品價值」及「顧客滿意」，以達成服務業的「成功」。

(3)「行銷策略」受到「人才團隊」.92 的直接影響效果，而且對於「產品價值」、「顧客滿意」及「成功」的整體影響分別為 .59、.52、.78，同時對「成功」具有 .46 的直接效果；因此「行銷策略」亦可說是：來自于「人才團隊」的發揮，而且是最直接影響「產品價值」以及服務業「成功」的重要關鍵。

(4)「產品價值」受到「人才團隊」與「行銷策略」.36、.59 的直接影響效果，對於「顧客滿意」的直接影響為 .90，對於「成功」的整體影響為 .55；所以「產品價值」也可以說是由「人才團隊」所創造出來的，並且再加上「人才團隊」經由「行銷策略」的作用所呈現出來的，而且直接影響「顧客滿意」，進而影響服務業的「成功」。

(5)「顧客滿意」與「行銷策略」對於服務業「成功」具有 .45、.46 的直接影響效果，這兩個因素是其他因素想要造就服務業「成功」的重要「仲介變項」，而且受到「產品價值」 .90 的高度直接影響；因此「顧客滿意」與「行銷策略」亦可說是：服務業「成功」的最直接關鍵因素，同時也是改善服務業最直接有效的重要關鍵。

5.4.2 研究應用：服務業關鍵成功指標之量表設計與實踐應用

本研究檢視了過去的文獻與理論觀點，並針對實踐專家進行相關質性探索研究，提出「領導者」、「市場商機」、「人才團隊」、「行銷策略」、「產品價值」及「顧客滿意」與服務業經營「成功」相互關係之概念。針對此一概念，本研究設計出「服務業關鍵成功指標之量表」，經信度與效度檢驗後，證實此一量表適用於台灣本土服務業進行企業整體檢視之實踐應用。

當企業經理人或組織顧問利用此一量表進行企業整體檢視時，不難發現「領導者」、「人才團隊」、「行銷策略」、「產品價值」及「顧客滿意」與服務業經營「成功」間之關係，對於企業本身整體體質亦有更進一步的認識與瞭解，繼而針對此一現況進行改善或提升。從實證結果可得知，服務業經營成功與否，與企業的領導者、人才團隊、行銷策略、產品價值及顧客滿意度皆具有一定程度的影響力。

其中企業的「行銷策略」及「顧客滿意」是最直接、最迅速影響經營績效的指標。所以企業必須針對其組織現況提出短期及中長期的改善或提升建議，也就是說，倘若企業必須在短期之內突破經營績效瓶頸，則必須將重心放置在「行銷策略」及「顧客滿意」度的改善計劃中，才會具有立竿見影的效果；否則要是在此時將重點錯放在其他變數上，反而會緩不濟急、錯失時效、失去市場競爭力的下場。不過，一個企業的成功則是在於永續經營，因此以中長期的角度衡量，企業更不能忽視「領導者」、「人才團隊」及「產品價值」之重要影響因素。畢竟企業的成功與否，牽涉到的每一個要素皆是環環相扣，缺一不可。

6.結論建議：後續的「實踐研究」典範建立與持續發展

6.1 本研究之貢獻：理論研究與企業實踐

本研究以一系列嚴謹的方法完成，在一開始介紹本研究之相關動機、目的與研究架構（第一章）之後，隨即對既有之研究文獻進行「後設分析」。在後設分析之後提出質疑：所引用的理論架構可能已經決定了研究結果？有鑑於多數研究皆是引用於西方理論架構，為了避免陷入學術研究的「集體偏誤」，因此本研究便決定採用不同的方法論取向來進行（第二章）；於是確立本研究以「江浙學派」實學取向的實踐精神為主要之研究精神，並且探究「通經致用」的實踐取向方法論（第三章）；隨後依此研究精神與取向，展開一個「先質性探索、後量化驗證」的研究典範（如圖 6-1）。

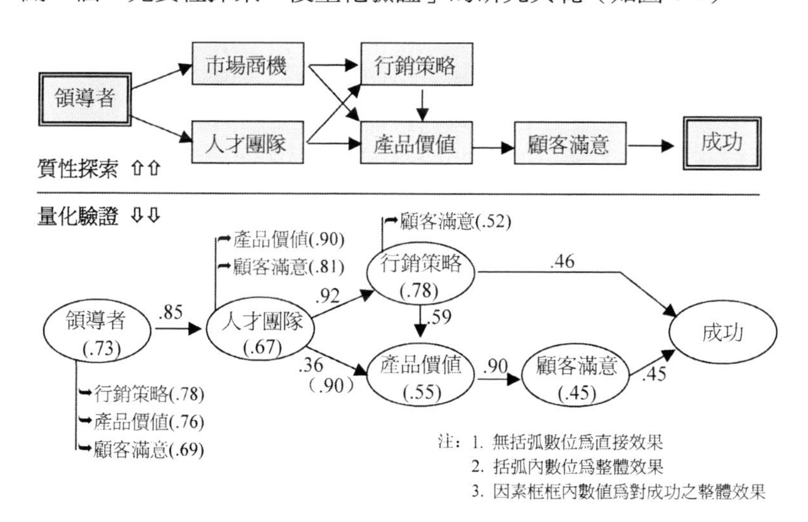

圖 6-1 「先質性探索、後量化驗證」的服務業 KSF 理論模型比較

6.1.1 方法論層次：「先質性探索、後量化驗證」的研究典範

在「實踐取向」的方法論下，本研究先以「實踐專家」為主，進行嚴謹的深度訪談、焦點團體等「主位取向」之質性探索研究，並且得出稍有差異於其他研究成果的六個服務業關鍵成功因素，以及「內、外在因素」、「六力因素」等兩個理論模型，並得出一個「簡化模型」（第四章）；並以此為「初始理論架構模型」進行量化驗證（第五章）。

如圖 6-1，在本研究進行量化驗證時，結果顯示理論模型的「初始架構」的假設是完全成立的，這樣的結果在量化驗證時是較為難得的，而且還可以基於這些數位的基礎，建立更具有解釋效力的理論架構之「資料模型」，這樣的理論模型則會更具有說服力。因此，就方法論的層次來看，本研究發現了「先進行質性探索、後進行量化驗證」的研究，一方面可以因為主位取向、實踐取向的質性探索，使得量化驗證時的初始理論架構更具嚴謹性、可證性，同時又可以藉由量化驗證的資料模型，進一步驗證質性探索研究之成果，並且依照客觀的資料進行理論模型的「更優化修飾」，本研究發現這樣的研究取向是更具價值的。

6.1.2 管理理論層次：建立主位元取向的「五力模型」

就管理理論的層次而言，本研究「主位且客觀」的建構了台灣服務業 KSF 理論模型，有別於多數西方理論的部分，最主要是「領導者」關鍵角色的突顯，以及「人才團隊」的關鍵仲介作用，其他多與主要西方學術研究成果接近，這顯示在台灣的華人社會文化脈絡下，「人」的影響力還是相當的突顯，本研究以成功建立出有別於西方理論的本土「主位取向」理論架構模型，而且是來自於實踐專家，自然更貼近於管理實踐之可行性，是一個真正本土、可實踐

的台灣服務業 KSF「五力模型」。

6.1.3 企業實踐層次：理解並運用台灣服務業 KSF「五力模型」

本研究採用一系列方法，萃取「實踐專家」的經驗與智慧，建構且驗證出來的理論模型，自然具有更高之實踐價值，因此，根據本研究成果所提供之台灣服務業 KSF「五力模型」，對於經營服務業的實踐者來講，必須掌握以下三門課程的功夫（如圖 6-2）：

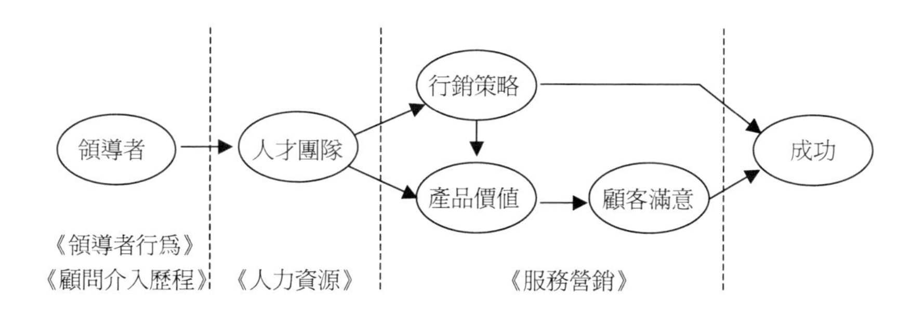

圖 6-2　台灣服務業 KSF「五力模型」有關的三門課程

(1)在華人社會中，「領導者」是服務業成功最根本的重要關鍵，亦是「領導者行為」與「顧問介入歷程」中重要的課題，學習如何與「領導者」相處，並且強化「領導核心」是重要之關鍵。

(2)「人才團隊」是「人力資源」的重要議題，人才的多寡與人才制度的優化，亦是服務業現況成敗與長期發展之重要關鍵。

(3)「行銷策略」、「產品價值」及「顧客滿意」則是「服務營銷」的重要課題，經營與銷售之同步發揮，以有效的「行銷策略」，創造出好的「產品價值」，贏得「顧客滿意」，亦是服務業短線成功與永續經營的決勝關鍵。

而且本研究成果更可以運用於以下三個範疇：

i.個案層次：服務業經營策略之評量與應用

ii.知己知彼：衡量自身企業、衡量競爭對手

iii.產業層次：服務業產業分析與整體分析之應用

6.2 後續研究：企業實踐研究的進行

對本研究者來說，本研究的完成並非一個結束，而是一個開始，爾後將繼續致力於後續之研究，亦提供其他研究者作為後續研究之參考。

6.2.1 服務業 KSF：擴大研究對象到整個華人社會

本研究選擇以台灣服務業為研究對象，是為了深化本研究之嚴謹度，這也是研究者未來研究的一個出發點。未來將繼續以這樣的「質量並重」的研究方法，以整個華人社會為大範圍之研究對象，進一步擴大探索及驗證，試圖建立屬於整個華人社會的服務業 KSF，並以此研究成果與西方學術先進進行對話，尋求新的突破與創造。

6.2.2 江浙學派：實踐取向方法論的延續

本研究援用「江浙學派」實學取向精神作為本研究之精神。在本文中確實也「融會中西、貫穿古今」，並力求「通經致用」，由實用的角度出發，採用「實踐專家」的質性建構方法，與量化的「實證研究」，得到相當好的研究成果，並且成為一個完整的「實踐研究典範」，這樣的研究精神與典範，將會是研究者日後持續的研究精神與典範。

6.3.3 知而後行：持續不斷的服務業之實踐與研究迴圈

「理論必須能夠指導實踐　實踐是檢驗真理的唯一標準」

即使是透過嚴謹的研究程式，建立出好的理論模型，但亦只是

「紙上談兵」的階段，「實踐」與「行動」的差別，其意義在於實踐是「先知而後行」的歷程，也就是先學習，而且知道了一些理論觀念，成為自己心中的假設，再進行實際行動上的驗證。研究者相信本研究已經循嚴謹的研究程式，建立了一套「服務業 KSF」，研究者本著「知行合一」的學習態度，必須以自身走入「實踐」的階段，並且在實踐的歷程中，繼續研究與修正，研究者相信這就是一個持續不斷的服務業之實踐與研究迴圈，這也符合「江浙學派」的實學精神，做到真正的：

「融會中西、貫穿古今、通經致用」

以不負宋儒張載「為天地立心 為生民立命 為往聖繼絕學 為萬世開太平」之訓示。

中文參考文獻

1. 大前研一著. 黃宏義譯. 策略家的智慧[M]. 台北：長河，1985.
2. 山東人民出版社作者群. 歷史小說故事叢書：晚清部分（下）[M]. 濟南：山東人民出版社，1985.
3. 天下雜誌[J]. 第 274 期. 頁 266，2003.
4. 王士峰、王士紘編著. 商業自動化[M]. 三民書局，1996.
5. 王克捷、李慧菊譯. Heskett. J. L.原著（1986）. 吳思華序. 服務業的經營策略[M]. 台北：天下文化，1989.
6. 王思峰、陳昱雯、鄭繡蓉. 行動後學習之參與式行動研究：華人文化脈絡下之意涵[C]. 尚未發表之文獻，2004.
7. 王智勇、鄧明宇譯. Riessman,C.K.（1993）著. 敘說分析（Narrative analysis）[M]. 台北：五南圖書，2003.
8. 中國高級人士管理官員培訓中心譯. McGill, I.&Beaty, L.（1992, 1995, 2001）原著. 行動學習法[M]. 北京：華夏，2002.
9. 左煥奎. 開發大西北先驅：左宗棠[M].武漢：華中師範大學出版社，2002.
10. 石之瑜. 社會科學方法新論[M]. 台北：五南圖書，2003.
11. 田文. 我國行動電話服務業運用策略聯盟與營銷策略建立競爭優勢之研究[D].交通大學經營管理研究所碩士論文，1999.
12. 葉美玲、高美玲. 結構方程模式與線性關係之簡介[J]. 護理研究，Vol. 7，No. 5，pp.490-497, 1999.
13. 司徒達賢. 策略管理[M]. 台北：遠流，1997.
14. 馮君實主編. 中國歷史大事年表[M]. 瀋陽：遼寧人民出版社，1985.
15. 臺灣行政院主計處[EB/OL]：http://www.dgbasey.gov.tw
16. 劉兆明. 報酬與工作動機：基礎理論之建立[R]. 國科會研究專題計劃草案，1991.

17. 劉尚志. 我國貿易商經營環境、競爭策略與經營績效之關係之研究[D]. 成功大學企業管理研究所碩士論文, 1994.
18. 劉思治. 從關鍵成功因素及資源基礎觀點探討休閒事業之競爭優勢—以西子灣休閒度假中心為例[D]. 中山大學國際高階經營管理研究所碩士論文，2003.
19. 劉得欣. 臺灣資訊服務業—經營之成功關鍵要素探討[D]. 元智大學管理研究所碩士論文，2001.
20. 宇井義行原著. 陳春久譯. 「連鎖加盟餐廳店成功要訣」[M]. 中國生產力中心，2002.
21. 朱寧馨. 商用套裝軟體業經營成功關鍵因素之研究[D]. 中山大學資訊管理學系研究所碩士論文，2002.
22. 江正信. 高階經營團隊與企業策略決策模式：組織學習傾向、創新能力及經營績效之關係研究[D]. 成功大學企業管理學所碩士論文，2000.
23. 許正升. 我國制藥產業經營策略之研究[D]. 成功大學企業管理學系碩士論文，2000.
24. 許修嘉. 陳亮與呂祖謙學術思想異同--思想合流契機[D]. 逢甲大學中國文學研究所碩士論文，2003.
25. 楊日融. 咖啡店經營關鍵成功因素之研究[D]. 中正大學企管所碩士論文，2003.
26. 何明城. 以關鍵成功因素探討服務傳送系統之內涵[D]. 政治大學企業管理研究所碩士論文，1994.
27. 余幸真. 學習性網站關鍵成功因素之研究[D]. 實踐大學企業管理研究所碩士論文，2001.
28. 李明譯. Bossidy,L、Charan,R（2002）著. 執行力（Execution,）[M]. 台北：天下文化，2003.
29. 汪有達等人. 服務業發展之研究（上）[J]. 產業金融季刊 27：61-81，1995.

30. 牟宗三. 宋明儒學的問題與發展[M]. 台北：聯經，2003.

31. 行動研究原創網站：【應用心理小站】[EB/OL] http://www.socialwork.com.hk/psychtheory/therapy/action/action.htm.

32. 華文淵. 譯注（康熙等原典）. 用經：突破人生的成功學智慧[M], 台北：正展出版公司，2003.

33. 華文淵. 譯注(曾國藩等原典). 變經:反經謀勝的應變學智慧[M]. 台北：正展出版公司，2003.

34. 沈登苗. ，南宋已成蘇-杭人才軸線了嗎？--也談蘇-杭人才軸線的形成及其影響[N]. 學術批評網，2004.

35. 吳思華. 產業政策與企業策略[R]. 台北：中華經濟企業研究所，1988.

36. 吳清山、林天佑. 行動研究[EB/OL]. http://www.jhes.km.edu.tw，2003.

37. 吳碧玉. 民宿經營成功關鍵因素之研究—以核心資源觀點理論[D]. 朝陽科技大學企業管理研究所碩士研究所，2003.

38. 張火燦. 策略性人力資源管理(二版)[M]. 台北：揚智文化，1998.

39. 張立文. 宋明理學邏輯結構的演化[M]. 台北：萬卷樓圖書，1994.

40. 張靈瑄. 因特網公司之成功關鍵因素[D]. 東吳大學企業管理學研究所碩士研究所，2002.

41. 周一玲. 財經網路媒體經營模式之關鍵成功因素探討[D]. 臺灣大學國際企業學研究所碩士論文，2001.

42. 周文賢. 行銷管理－市場分析與策略預測[M]. 台北：智勝文化，1999.

43. 周秋光. 兩宋時期：湖湘學派的形成[N]. 長沙晚報，2003-8-20.

44. 周逸衡譯. Lovelock. C. H.（1999）著. 服務業行銷"Services Marketing"(三版)[M]. 台北：華泰，1999.

45. 孟德芸. 企業關鍵成功因素之研究－以個人電腦產業為實證[D]. 中興大學企業管理研究所碩士論文，1992.

46. 林書漢. 國際觀光旅館業關鍵成功因素與績效評估指標設計之研究–平衡計分卡之應用[D]. 南華大學旅遊事業管理研究所碩士論文，2002.
47. 林群盛. 連鎖經營產業之營運性關鍵成功因素暨競爭優勢分析—臺灣連鎖餐飲業之實證[D]. 臺灣大學商學研究所碩士論文，1996.
48. 歐素汝. Stewart, D. W. & Shamdasani, P. N.（1990）著. 焦點團體：理論與實務（Focus Groups：Theory and Practice）[M]. 台北：弘智文化，2000.
49. 邱皓政, 結構方程模式：LISREL 的理論、技術與應用[M]. 台北：雙葉書廊, 2003.
50. 范文偉. 休閒產業之關鍵成功因素分析－以臺灣職業棒球業為實證[D]. 臺灣大學商學研究所碩士論文，1994.
51. 范祥雲. 不同策略型態之關鍵成功因素研究－以資訊電子業為例[D]. 中正大學企業管理研究所碩士論文，1995.
52. 陸寶千、姚榮松、陳郁夫、林耀曾、王民信、陳麗桂、甲凱. 中國歷代思想家【十一】：朱熹、呂祖謙、陸九淵、陳亮、丘處機、葉適、真德秀[M]. 台北：臺灣商務印書館，1999.
53. 陸雄文、莊莉譯. Lovelock, C. H.（1996）. 服務營銷"Marketing Service"（第三版）[M]. 北京：中國人民大學出版社，2001.
54. 陳文敏. 陳菊序. 穿上顧客的鞋子[M]. 台北：天下遠見，2002.
55. 陳慶得. 連鎖式經營關鍵成功因素之探討－以美語補習業為例[M]. 淡江大學管理科學研究所碩士論文，2001.
56. 陳金安. 融會中西 通經致用—論永嘉學派的近代命運[EB/OL]. 網站資料，2003.
57. 陳育凱. ISP 之關鍵成功因素探討－運用 AHP 法[D]. 中國文化大學國際企業管理研究所碩士論文，2001.
58. 陳南州. 臺灣西藥經營成功關鍵因素之探討[D]. 中興大學企業管理學系碩士論文，1999.

59. 陳順宇. 多變數分析第二版[M]. 台北：華泰書局, 2002.
60. 陳樹元. 百貨零售產業關鍵成功因素、競爭策略與經營績效關係之研究—以台北市百貨公司為例[D]. 臺灣大學商學研究所碩士論文. 1997.
61. 陳春久譯. 宇井義行原著. 連鎖加盟餐廳店成功要訣[M]. 中國生產力中心，2002.
62. 陳高貌. 現階段銀行業經營之關鍵成功因素探討—以台中市銀行業為例[D]. 國立中興大學企業管理研究所，1995.
63. 陳淑瑤. 非營利組織的顧客滿意關鍵成功因素研究─以青年志工中心為例[D]. 南華大學非營利事業管理研究所碩士論文，2003.
64. 陳瓛宸集[M]. 中華書局，1990.
65. 鄭平蘋, 民營企業技術移轉之關鍵成功因素[D]. 中國文化大學國際企業管理研究所碩士論文，1998.
66. 鄭吉雄. 王陽明：躬行實踐的儒者[M]. 台北：幼獅文化，1990.
67. 鄭伯壎、鄭紀瑩、周麗芳. 效忠主管：概念建構測量及相關因素的探討[C]. 第三屆華人心理學家學術研討會宣讀之論文. 北京：中國社會科學院，1999.
68. 鄭婷方. 從管理顧問產業特質探討臺灣管理顧問業之關鍵成功因素[D]. 交通大學科技管理研究所碩士論文，1997.
69. 侯鳳雄、黃鴻程…等. 連鎖事業成功發展的經營策略：以臺灣某大型連鎖便利商店為例[C]. 景文技術學院企業管理系：第五屆臺灣地區企業連鎖經營發展與管理學術暨實務研討會，2003.
70. 范文偉. 休閒產業之關鍵成功因素分析－以臺灣職業棒球業為實證[D]. 臺灣大學商學研究所碩士論文，1994.
71. 范祥雲. 不同策略型態之關鍵成功因素研究－以資訊電子業為例[D]. 中正大學企業管理研究所碩士論文，1995.
72. 洪漢鼎. 詮釋學經典文選（上）（下）[M]. 台北：桂冠，2002.
73. 項保華. 戰略管理－藝術與實務[M]. 華夏出版社，2001.

74. 胡幼慧. 質性研究：理論、方法及本土女性研究實例[M]. 台北：巨流，1996.

75. 趙世瑜、趙世玲、張宏豔譯. Ebrey, B. P.（1996）原著. 康橋插圖中國史[M]. 濟南：山東畫報出版社，2002.

76. 楊中芳. 如何理解中國人—文化與個人論文集. 序言[M]. 台北：遠流，2001.

77. 楊念群. 儒學地域化的近代型態[M]. 北京：三聯書店，1997.

78. 楊國樞. 華人心理的本土化研究[M]. 台北：桂冠，2002.

79. 楊國樞主編. 本土心理學方法論. 本土心理學研究[C]. 第八期. 台北：臺灣大學心理學系本土心理學研究室，1998.

80. 閻崇年、田王玉、韓恒煜編著. 中國歷史大事編年：第 5 卷清近代[M]. 北京：北京出版社，1997.

81. 夏林清譯. Argyris, C., Putnam, R. & Smith, D.M.（1985）原著. 行動科學[M]. 台北：遠流，2000.

82. 夏林清等譯. Altrichter, H., Posch, P. & Somekh, B.（1993）原著. 行動研究方法導論--教師動手做研究[M]. 台北：遠流，1997.

83. 夏金華、朱永新. 墨家人力資源管理心理思想及其現代意義[C]. 心理學報：33 卷. 第 5 期. 北京：中國科學院心理研究所，2001.

84. 徐瑋伶、鄭伯壎. 組織認同：理論與本質之初步探索分析[C]. 中山管理評論. Vol. 10，No. 1，頁 45-64，2002.

85. 徐聯恩譯. Carol Kennedy 著. 管理大師小傳[M]. 台北：長河，1993.

86. 秦建文. 咖啡連鎖店關鍵成功因素之研究[D]. 淡江大學管理科學研究所碩士論文，2003.

87. 高宏華. 臺灣百貨量販業供應鏈管理策略構面與關鍵成功因素[D]. 台北科技大學商業自動化與管理研究所碩士論文，2000.

88. 曹聖宏. 臺灣殯葬業企業化公司經營策略之個案研究[D]. 南華大學生死學研究所碩士論文，2003.

89. 梁海. 連鎖加盟關鍵成功因素之研究—以移動式販賣為例[D]. 大葉大學事業經營研究所碩士論文，2003.

90. 黃雲龍、徐嘉譯. Krystyna Weinstein 著. 行動學習法[M]. 台北：弘智文化，2001.

91. 黃芳銘. 結構方程模式整體適配度評鑑議題之探究[C]. 2004 統計方法學論壇：結構方程模式方法學的開展研討會, 2004.

92. 黃晉瑩. 中日兩國服務業在服務策略上有關「實體環境因素」、「服務提供過程」與顧客滿意度、顧客重視度的比較研究—以百貨業為例[D]. 東海大學企業管理所碩士論文，2001.

93. 黃敏萍. 華人社會之組織領導研究. 組織行為在臺灣學術論文研討會[C]. 台北：臺灣大學，2002.

94. 黃鴻程. 臺灣連鎖事業發展之實務觀察研究：從單店經營成功到連鎖事業開展的過程[C]. 2002 組織領導暨產業發展實務學術研討會. p.177~191，2002.

95. 黃鴻程. 服務業經營：理論探討 & 個案研究[M]. 台北：滄海書局，2003.

96. 黃鴻程、張嘉惠. 服務業連鎖總部八大功能模式建構[C]. 2003 服務業管理學術與實務研討會. 南亞技術學院推廣教育中心，2003.

97. 黃鴻程、林沂樺. 餐飲業經營成功之因素分析[C]. 2003 服務業管理學術與實務研討會. 南亞技術學院推廣教育中心，2003.

98. 黃鴻程、黃雅雯. 服務業的實體環境與服務過程對顧客信任感的影響[J]. 南亞技術學院：南亞學報第 23 期，2003.

99. 黃鴻程、廖勇凱. 商業自動化與連鎖事業經營[M]. 台北：滄海書局，2002.

100. 黃鴻程. 「渾沌」的後現代思維[R]. 未發表著作，2003.

101. 黃鴻程. 中國理學道統與哲學論述之演化[R]. 未發表著作，2003.

102. 黃鴻程. 從「先驗主體」到「結構人類學」到「解構主義」[R]. 未發表著作，2003.

103. 黃鴻程、廖勇凱譯. Megginson, D. & Whitaker, V.（1996）原著. Cultivating Self-Development. 培養自我發展[M]. 台北：小知堂出版社，2003.

104. 黃鴻程、廖勇凱譯. Revence, R.（1996）原著. ABC of Action Learning. 行動學習 ABC[M]. 台北：小知堂出版社，2003.

105. 黃鴻程、鄭偉修、王雅萍. 自發行動手冊[M]. 台北：小知堂出版社，2003.

106. 黃惠雯、童琬芬、梁文蓁、林兆衛譯. Crabtree, B. F. & Miller, W. L.（1999）著. 最新質性方法與研究（Doing Qualitative Research）[M]. 台北：韋伯文化，2003.

107. 郭官義、李黎譯. 尤爾根・哈貝馬斯(Jurgen Habermas)（1963）著. 理論與實踐 Theory and Praxis[M]. 北京市：社會科學文獻出版社，2004.

108. 傅峰林. 招商式大型數位化產品賣場之關鍵成功因素探討分析—以 NOVA 資訊廣場為例[D]. 臺灣科技大學管理研究所碩士論文，2002.

109. 遊文誥譯. Joseph T. Straub and Raymond F. Attner 著. 企業概論[M]. 台北：揚智文化，1999.

110. 簡詠喜. 產品價值、品牌信任、品牌情感與品牌忠誠度關係之研究[D]. 淡江大學國際貿易學系碩士論文, 2002.

111. 程英斌. 室內設計公司經營成功關鍵因素與外在環境關係之研究[D]. 彰化師範大學工業教育學研究所碩士論文，2002.

112. 謝坤霖. 國內非營利休憩事業經營關鍵成功因素之探討ー以救國團墾丁青年活動中心為例[D]. 中華大學科技管理研究所碩士論文，2003.

113. 謝強、馬月譯. Foucault, M.（1969）. 福柯作品：知識考古學[M]. 北京：三聯書店，2003.

114. 蔡嘉玲. 網路券商關鍵成功因素之研究[D]. 交通大學經營管理研究所碩士論文，2001.

115. 譚嗣同. 仁學[D]. 台北：臺灣學生書局，1998.
116. 黎鳴. 西方哲學死了[M]. 北京：中國工人出版社，2003.
117. 燕國材. 關於中國古代心理學思想研究的幾個問題[J]. 心理科學：25 卷. 第 4 期. 上海：中國心理學會，2002.
118. 戴國良. 臺灣服務業優勢領導廠商關鍵成功因素之探索－以資源基礎理論與知識經濟為觀點[D]. 臺灣大學商學研究所博士論文，2001.
119. 魏源金. 尖山埤水庫風景區經營關鍵成功因素之研究[D]. 文化大學觀光事業學系碩士論文，1996.

英文參考文獻

1. Aaker, David A., Strategic Market Management, N.Y.: John Wiley & Sons, 1984.
2. Aaker,D.A., Strategic Market Management, 2nd.ed., Canada:John Wiley & Sons, 1988.
3. Abelson, R. P. & Prentice, D. A., Beliefs as possessions: a functional perspective, In A. R. Pratkais, S. J. Breckler and A. G. Greenwald (eds), Attitude structure and function (pp.361-381), Hillsdale, NJ: Erlbaum, 1989.
4. Agger, B., Critical theory, poststructuralism, postmodernism: Their sociological relevance, Annual Review of Sociology, 17, 105-131, 1991.
5. Amold, J. E., Useful creative techniques. In S. J. Parnes & H. F. Harding (Eds.), Source book for creative thinking. New York： Scribner, 1962.
6. Alberto, Jorge, Sousa De Vasconcellos & Donald C. Hambrick, Key Success Factors: Test of a General Theory in the Mature Indus trial Product Sector, Strategic Management Journal, Vol. 10, 1989.
7. Anderson, J. C., & Gerbing, D. W., Structural Equation Modeling in Practice: A Review and Recommended two-step Approach, Psychological Bulletin, Vol. 103, pp.411-423, 1988.
8. Axelrod, M. D., 10 essentials for good qualitative research. Marketing News, (March 14), pp.10-11, 1976.
9. Bagozzi, R. P., & Yi, Y.. One the evaluation of structural equation models. Academy of Marking Science, 16(1), 74-94, 1988.
10. Bellenger, D. N., Bernhardt, K. L., & Goldstucker, J. L., Qualitative research in marketing. Chicago： American Marketing Association, 1976.

11. Bentler, P. M., EQS： Structural equations program manual. Los Angeles, CA.： BMDP Statistical Software, 1993.
12. Bentler, P. M., & Chou, C-P, Practice issues in structural modeling. Sociological Methods & Research, 16(1), 78-117, 1987.
13. Bollen, K.A. Structural equation modeling with latent variables, New York: John Wiley, 1989.
14. Bollen, K.A.,& Long, J. S., Testing Structural equation models, Newbury Park, CA： SAGE Publications, 1995.
15. Bolton, R. N. & Drew, J. H., A Multistage Model of Consumers' Assessments of Service Quality and Value, Journal of Consumer Research, 17(March)：375-384, 1991.
16. Bonnie, F., Commitment to Quality, Customer Satisfaction and Their Relationship to Marketing Performance, Concordia University, Quebec, Canada, 1996.
17. Boynton, Andrew C. and Robert W. Z., An Assessment of Critical Success Factor. Sloan Management Review, 1984.
18. Breet, C. J.,. Focus groups positioning and analysis: A company on adunets for enhancing the design of health care research, Health Marketing Quarterly, 153-167, 1990.
19. Browne, M. W., Generalized Least Squares Estimates in the Analysis of Covariance Structure in Latent Variables, in Social Economic Models, Aigner, D. J. and Goldberger A. S., New Jersey： Amsterdam North Holland, 1977.
20. Bruseberga A. and D. McDonagh-Philp,. Focus groups to support the industrial/product designer: A review based on current literature and designers' Feedback, Applied Ergonomics, Vol. 33, 27-38, 2002.
21. Byrne, B. M., Structural equation modeling with EQS and EQS/Windows, Newbury Park, CA:Sage, 1994.
22. Byrne, B. M., Structural equation modeling with LISREL, PRELIS

and SIMPLIS: Basic Concepts, Applications and Programming, Mahwah, NJ: Lawrence Erlbaum Associates, 1998.

23. Calder, B. J., Focus groups and the nature of qualitative marketing research. Journal of Marketing Research, 1977.
24. Chang, Y.M., The Discussion of Key Successful Factors for Companies Winning Taiwan Quality Award. Master thesis, The Department of Industrial Management of National Cheng Kung University, Taiwan, R.O.C, 1998.
25. Charlebois, D. J. E., Perceptual, Organizational, and Relationship Factors in Customer Satisfaction, The Claremont Graduate University, 1998.
26. Charles H. W. and Schendle D., Strategy Formulation: Analytical Concepts, St. Pual: West Publishing, 1985.
27. Chung , W. K., Key Successful Factors Research of IC Design Houses in Taiwan , Master Thesis of Graduate Institute of Accounting , NTU , R.O.C, 2002.
28. Churchill, G. A., Jr. and C. Surprenant, An Investigation Into the Determinants of Customer Satisfaction, Journal of Marketing Research, 19(November), pp. 491-504, 1982.
29. Cooper, D. R. and Emory, C. W., Business Research Method, 5th ed., Homewood： IL, Irwin, Inc.,1995.
30. Cuieford, J. P., Fundamental Statistics in Psychology and Education, (4rd ed), New York: McGraw-Hill, 1965.
31. Daniel, D. R., Management Information Crisis. Harvard Business Review, 1961.
32. Day, George S. and Wensley R., Assessing Advantage: A Framework for Diagnosing Competitive Superiority. Journal of Marketing, Vol. 52, 1988.
33. Dittmar, H., The social psychology of material possessions: to have is

to be, New York: St. Martin's, 1992.

34. Ebert, R. J., & Griffin, R.W., Business essentials. New Jersey, USA: Prentice-Hall,Inc, 2000.
35. Ein-Dor, P., & Segev, E., Organizational context and the success of management information systems. Management Science, Vol. 24, No. 10, 1064-1077, 1978.
36. Elliot,J., School-based curriculum development and action research in the United Kingdom. In S.Hollingsworth（Ed.）, International action research：A casebook for educational reform（pp.17-28）, London：Falmer, 1997.
37. Ferguson, Charles R. and Dickinson R., Critical Success Factor For Directors in the Eighties. Business Horizon, 1982.
38. Fern, E. F., The use of focus groups for idea generation： The effect of group size, acquaintanceship, and moderator on response quantity and quality. Journal of Marketing Research, 19, 1-13, 1982.
39. Fowler, F. J., Jr., Survey research methods(rev. ed.). Newbury Park, CA：Sage, 1988.
40. Fowler, F. J., Jr., & Mangione, T. W., Standardized survey interviewing. Newbury Park, CA：Sage, 1989.
41. Gaither, C. A., Evaluating the construct validity of work commitment measures： Confirmatory factor model. Evaluation & the Health Professions, 16(4), 417-433.
42. Gaskell G.., Individual and Group Interviewing, Qualitative researching with text, Image and sound: a practical handbook, Sage, pp.38-56, 2000.
43. Ginzberg, M. J.,. An organizational contingencies view of accounting and information systems implementation. Accounting, Organizations and Society, Vol. 5, No. 4, 369-382, 1980.
44. Goldman, E., The group depth interview. Journal of Marketing, 26,

pp.61-68, 1962.

45. Goldmam, A. E., & McDonald, S. S., The group depth interview：Principles and practice. Englewood Cliffs, NJ： Prentice-Hall, 1987.
46. Goodman, J., The Nature of Customer Satisfaction, Quality Progress, Feb：37-40, 1989.
47. Gupta, A., The Relationship Between Employee Perceived Service Climate and Customer satisfaction, University of Maryland College Park, 1998.
48. Hatcher, L., A Step-by-Step Approach to Using the SAS System for Factor Analysis and Structural Equation Modeling, NC: SAS Institute, 1994.
49. Hempel, D. J., Consumer Satisfaction with the Home Buying Process ： Conceptualization and Measurement, The Conceptualization of Consumer Satisfaction and Dissatisfaction, H. Deith Hunt Cambridge, Mass： Marketing Science Institute：7, 1977.
50. Higgenbotham, J. B., & Cox, K. K.(Eds), Focus group interview：A reader. Chicago：American Marketing Association, 1979.
51. Hirschman, E. C., Innovativeness, Novelty Seeking, and Consumer Creativity, Journal of Consumer Research, Vol. 7, No. 3, pp.283, 1980.
52. Hofer, Charles W. and Schendle D., Strategy Formulation: Analytical Concepts, St. Pual: West Publishing, 1985.
53. Hoyle, R.H., & Panter, A.T., Writing about structural equation models In R. H. Hoyle(Ed.), Structural equation modeling(pp.158-176), Thousand Oaks, CA:Sage, 1995.
54. Huang, H.C., The relationship between self-development and organizational development, Sheffield Hallam University dissertation, 1998.
55. Hycner,R.H.,. Some guidelines for the phenomenological analysis of

interview data. Human Studies, 8, 279-303, 1985.

56. Joel K. Leidecker and Albert V. Bruno.,. Indetifying and Using Critical Success Factors. Long Range Planning. Vol. 17, No. 26, 1984.
57. Joreskog, K. G.., & Sorbom, D., LISREL：Estimation of linear structural equation systems by maximum likelihood methods. User's guide. Chicago：International Educational Services, 1976.
58. Joreskog, K. G.., & Sorbom, D., LISREL V： User's guide. Chicago：International Educational Services, 1981.
59. Joreskog, K. G.., & Sorbom, D., LISREL 8： User's guide. Chicago：International Educational Services, 1993.
60. Karger, T., Focus groups are for focusing, and for little else. Marketing News (August 28), pp.52-55, 1987.
61. Kelloway, E. K., Using LISREL for structural equation modeling. Sage： Thousand Oaks, CA, 1998.
62. Kennedy, F., The focused group interview and moderator bias. Marketing Review (February/March), 31, pp.19-21, 1976.
63. Kotler, P., Marketing Management： Analysis, Planning, Implemention and Control, 7th ed, Prentice-Hall, 1991.
64. Kotler, P., Marketing Management： Analysis, Planning, Implemention and Control, 9th ed, Prentice-Hall, 1996.
65. Krueger, R. A., Focus group：A practical for applied research. Newbury Park, CA：Sage, 1988.
66. Levy, J. S., Focus group interviewing. In J. B. Higginbotham & K. K. Cox(Eds), Focus group interviews：A reader. Chicago：American Marketing Association, 1979.
67. Long, S. J., Covariance structure models： An introduction of LISREL. Newbury Park： Sage, 1983.

68. Lovelock, Wirtz, Keh., Services Marketing in Asia： Managing People, Technology and Strategy 1th ed, Prentice Hall International, 2002.
69. MacCallum, R.C., & Austin, J.T., Applications if structural equation modeling in psychological research, Annual Review of Psychology, Vol.51, pp.201-226, 2000.
70. Marsh, H. W., & Hocevar, D., A new more powerful method of mulltitrait-multimethod analysis, Journal of Applied Psychology, Vol. 73, pp.107-117, 1998.
71. Mcniff J., Lomax P. & Whitehead J., You and Your Action Research Project, Routledge, 1996
72. Megginson, D. & Pedler, M., Self-Development – A Facilitator's Guide, London：Maidenhead, McGraw-Hill, 1992.
73. Merton, R. K., The focused interview. American Journal of Sociology, 51, pp.541-557, 1946.
74. Merton, R. K., Focused interviews and focus groups：Continuities and discontinuities. Public Opinion Quarterly, 51, pp.550-566, 1987.
75. Merton, R. K., Fiske, M., & Kendall, P. L., The focused interview. New York：Free Press, 1956.
76. Michael E. P.. Competitive strategy. (pp. 4). NY: Free Press, 1980.
77. Miller, J. A., Studying satisfaction, Modifying Model, Eliciting Expectation, Posing Problem, and making Meaningful Measurements, Cambridge, Mass： Marketing Science Institute, 72-91, 1977.
78. Morgan, D. L., & Spanish, M. T., Focus groups：A new tool for qualitative research, Qualitative Sociology, 7, pp.253-270, 1984.
79. Mueller, R. O., Basic principles of structural equation modeling：An introduction to LISREL and EQS. New York： Springer, 1996.
80. Nunnally, J., Psychometric Theory, New York： McGraw-Hill, 1978.

81. Oliver, R. L., A Cognitive Model of the Antecedents and Consequences of Satisfaction Decisions, Journal of Marketing Research, 17 (November)：460-469, 1980.Measurement and Evaluation of Satisfaction Processes in retail Settings, Journal of Retailing Research, 57 (Fall)：25-48, 1981.
82. Pedler, M., Action Learning for Menagers, London：Lemos & Crane, 1996.
83. Quiriconi, R. J., & Durgan, R. E., Respondent personalities：Insight for better focus group. Journal of Data Collection, 25, pp.20-23, 1985.
84. Rockart, John F. Chief Executive Define Their Own Data Needs. Harvard Business Review, 1979.
85. Sanci, Kasem, M. and Moursi, M. A., Managerial Effectiveness. Academy of Management Journal, 1971.
86. Shostack, G.. L., Breaking Free from Product Marketing, Journal of Marketing, 41, 73-80, 1977.
87. Singh, J., Understanding the Structure of Consumers Satisfaction Evaluation of Service Delivery, Journal of the Academy of Marketing Science, 19(3)：223-234, 1991.
88. Smith, A., Wealth of Nations, Book. Edited with an introduction by Kathryn Sutherland, New York: Oxford, 1993.
89. Sproles, G. B., Fashion：Consumer Behavior Toward Dress, Minneapolis： Burgess Publishing Company, 1979.
90. Sproles, G. B., Conceptualization and Measurement of Optimal Consumer Decision-Making, Journal of Consumer Affairs, Vol.17, No.4, pp.412-438, 1983.
91. Sproles, G. B., From Perfectionism to Fadism： Measuring Consumers Decision Making Styles, Proceedings American Council on Consumer Interests, pp.79-85, 1985.

92. Sproles, G. B.and Kendall, E. L., A Methodology for Profiling Consumers Decision-Making Styles, The Journal of Consumer Affairs, Vol.20, No.4, pp.267-279, 1986.

93. Srinivas, D. S., Lysonski, L. C. and Andrews, J. C., Cross-Cultural Generalizability of a Scale for Profiling Consumers Decision-Making Style, Journal of Consumer Affairs, Vol.27, No.1, pp.55-65, 1993.

94. Stevens, J., Applied multivariate statistics for the social sciences (2nd ed.). Hillsdale, NJ： Lawrence Erlbaum Assocuates, 1996.

95. Strauss, A., & Corbin, Basics of Qualitative Research: Grounded Theory Procedures, Newbury Park, CA: Sage, 1990.

96. West, S. G., Finch, J. F., & Curran, P. J., Structural equation models with non-normal variables： Problems and remedies. In R. H. (Ed.), Structural equation modeling： Concepts, issues, and applications (pp. 56-75). Thousand Oaks, CA： SAGE Publications, 1995.

97. Wolcott H. F., Writing up Qualitative Research, Newbury Park, CA: Sage, 1990.

98. Wolcott H. F., The Art of Fieldwork, Walnut Creek, CA: Alta Mira, 1995.

99. Woodruff, R. B., Modeling Consumer Satisfaction Process Using Experience-Based Norms, Journal of Marketing Research, 20 (August)：296-304, 1983.

100. Woodside, A. G. Frey, L. and Daly, R. T., Linking Service Quality, Customer Satisfaction, and Behavioral Intention, Journal of Marketing, Dec：5-17, 1989.

101. Zahedi, F., Reliability of information system based on critical success factors－formulation. MIS Quarterly, Vol. 11, 187-203, 1987.

附錄一：2003 鴻程所理解的人文與社會科學史

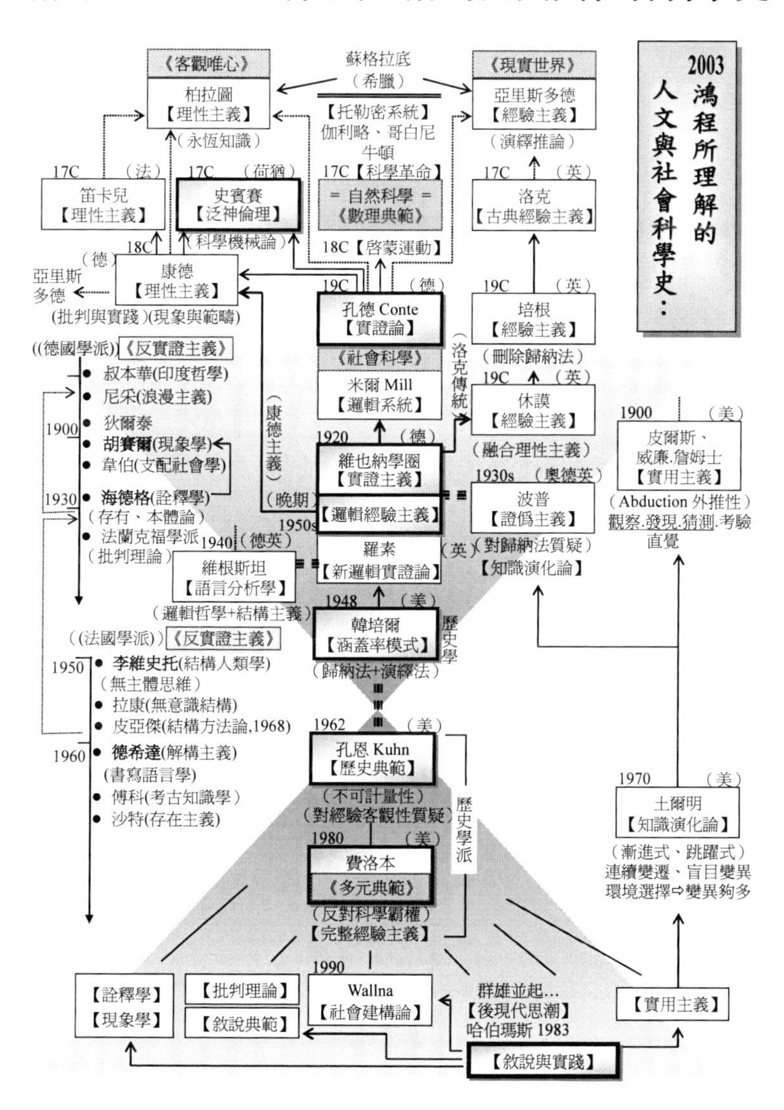

附錄二：中國理學道統與哲學論述之演化

西	朝	代表人	主要論述	要義	西方發展
	神話	盤古 女媧	開天闢地（雄性崇拜） 煉石補天（母系社會）	神話傳說	
	三皇五帝	黃帝 伏羲氏 神農氏 堯、舜	✐ 打敗蚩尤→華人始祖 ✐ 作卦（先天八卦） ✐ 炎帝（炎黃子孫） ✐ 禪讓政治	部落時代 漁獵時代 農耕時代	四大古文明：埃及.中亞.中國.印度
	夏 商	禹 湯	✐ 治水、夏曆→傳子不傳賢 ✐ 鬼神論 占卜	半遊牧社會	
	西周	文 武 周公	✐ 文王重卦成六十四卦 ✐ 武王伐紂（薑子牙：封神榜） ✐ 周公作卦詞	制禮作樂	
	東周	孔子 孟子 荀子 老子 莊子	✐ 至聖（東方蘇格拉底）有教無類：以仁為本 ✐ 亞聖（東方柏拉圖）性善論：重義輕利 ✐ 季聖（東方亞裏士多德）性惡論 ✐ 道德經→道＆動.靜兩相→騎青牛過函谷關 ✐ (前 369-286)逍遙遊→渾沌思想(應帝王篇)	九流十家（後人歸類）：社會動亂.思想奔放.多元典範。	希臘 西方三聖
	秦	李斯	✐ 法家思想 嚴刑峻罰	秦統一文字	
	西漢	文景 董仲舒	✐ 老莊思想 無為而治 ✐ 援法家刑名入儒成【陽儒陰法】。 ✐ 武帝罷拙百家 獨尊儒術。 ✐ 《白虎通義》確立：三綱五常。	超穩定結構 2000 年 成為文化框限	
184	東漢	張角 張陵	✐ 道教形成：先秦方士（方術士）巫師（長生不老之述）與鄒衍的陰陽五行結合，成為學術不足的神仙家。董仲舒用陰陽五行附會儒家經義⇨求晴祈雨法術，神仙家與儒家結合。到了預言的讖緯神學流行，桓譚、王充批判後，神仙家轉而攀附老子。東漢順帝佛教傳入中國，琅伢人宮崇獻其老師于吉撰《太平清領書》170 卷，書中有出家棄父母、不娶妻無後。 ✐ 東漢末年張角、張陵以《太平清領書》(部分內容保留于《太平經》) 創立「太平道」或「幹君道」或「五鬥米道」或「天師道」，漢末農民利用道教起義道士卻成農民組織領袖，184 年「黃巾起義」後道教出路受限，不容于統治者。	☯ 道教初依陰陽五行化的儒學，佛教則附庸道教而流傳，清淨、無為是佛道共同教義，二教歸一。 ☯ 漢末後，佛教亦面臨擺脫黃老與中國思想結合且令統治者	佛教從印度傳向東亞各國

			✎ 外來佛教先前容忍「老子入夷狄為浮屠」甘認佛為老子的弟子，道先佛後。但儒道皆反佛教「棄親、捐妻、不孝、無後」。	接受。	
	魏	何晏 王弼	✎ 東漢滅亡，讖緯神學式的儒學敗陣，失去信心，統治階層尋找新的思想意識工具。由於天下大亂，魏晉統治階層重拾漢初黃老，成為「援儒入道」的士族化道教。 ✎ 「玄學」是儒道的一次融合，儒家「名教」結合道家「自然」，以安撫農民。王弼認為名教出於自然派生而「道先儒後」。玄學以「老子、莊子、周易」為三玄。 ✎ 魏晉南北朝社會劇烈動蕩，佛教的「因果報應、三世輪回、精神不滅」，解答生死命運，成為精神依託。門閥士族藉以補充儒學與玄學，成為佛儒玄的融合，使得佛教玄學化。「般若學」名僧道安藉老莊發揮佛理創「本無宗」。 ✎ 南北朝時佛教寺院經濟發展壯大，取代玄學，成為國教。梁武帝蕭衍四度捨身入寺，下詔唯佛教為正道，餘儒道皆為邪。 ✎ 僧侶成貴族，寺院窮極宏麗，享有免稅免役特權，甚至「侵奪民細、廣占田宅、經營商業、大放高利」，北朝「寺奪民戶，三分且一」南朝「天下人口、幾亡其半、處處成寺、家家剃落」，激化統治階層與農民對立，地主階級與僧侶地主矛盾鬥爭，形成社會、政治、經濟危機，形成反佛鬥爭，儒道也加入批判行列，三教鬥爭開始。 ✎ 北朝桓玄站在儒家立場下令淘汰沙門。南朝儒家崔浩河道士寇謙之連手反佛，演成西元466 年魏太武帝的「滅佛運動」。	☯ 桓玄揭：三世報應是一種靈奇的假設。 ☯ 戴逵吸收道家「性命自然論」批判因果報應，反對宿命論。 ☯ 天文學數學家何承天以自然科學方法批判因果報應。 ☯ 範縝《神滅論》認為富貴貧賤是偶然現象，非神為的必然因果連結，否定超自然支配的宿命論。 ☯ 佛教主張神存形亡、形盡超脫，道教主張形神同升。	羅馬時代經院統治 354-430 聖奧古斯丁：上帝就是無限與永恒，並將人格與上帝的愛結合，成了帶有「柏拉圖」式的歐洲基督教。 476 年匈奴推翻西羅馬帝國
	晉	道安			
466	南北朝	桓玄 崔浩 寇謙之 何承天 範縝			
	隋	智顗	✎ 重佛輕儒，智顗奉「總持菩薩」法名給煬帝，煬帝賜其「智者大師」，相互拉　。 ✎ 隨末數起自稱「彌勒佛出世」與唐初自稱「大乘皇帝」的農民戰爭，給儒道攻擊口實，使得法　消亡、法輪絕響。	隋唐中國佛教大興：天臺宗、華嚴宗、禪宗、淨土宗	476-1461 約一千年歐洲黑暗大陸時代
	唐	李淵 李世民 玄奘 慧能	✎ 唐初為統合社會而三教並存，認為道教既是明確宗教，又忠君孝父，比佛教無君無父符合需求，便高攀老子（李耳）自稱為後裔，高祖立「老君廟」，宣佈道先、儒次、佛後之序。	☯ 慧乘問道教李仲卿：道是至極之法，更無法	

		傅奕 韓愈 李 柳宗元	高宗追封老子「太上玄元皇帝」，玄宗加尊「大聖祖高上大道金闕玄元天皇大帝」，全國設「崇玄館」，追封莊子「南華真人」文子「玄通真人」列子「沖虛真人」庚桑子「洞靈真人」，四子書為「真經」，置博士、助教，道教得以大倡。 ✏ 李淵立老君廟後，要國子監立周公、孔子廟，李世民尊孔子為「先聖」後尊為「宣父」親自到國子監聽孔穎達講「孝經」。 ✏ 僧侶集團免稅免役特權，到中宗時「十分天下財，而佛有其七八」甚至「避役奸訛者，盡度為沙門」也激化了對立衝突。 ✏ 三教論爭激烈，韓愈反佛《諫迎佛骨表》，至武宗滅佛，各大宗派隨寺院經濟衰落而不振，為禪宗繼續興盛，天臺宗尚可。 ✏ 傅奕論點：中國未有佛前…寺饒僧 ，妖孽必作。批佛不尊君孝父。 ✏ 韓愈反對佛老共同特點：崇尚虛無。論證儒家：仁義即是道。定五常之性：仁義禮智信。與佛道法統抗衡而列「道統」：堯、舜、禹、湯、文、武、周公、孔、孟。 ✏ 華嚴宗五祖宗密「援儒入佛」企圖建立釋道儒統一的思想體系。 ✏ 道教亦援儒家法理入道、引佛理入道。李世民下詔令玄奘等翻譯老子達梵文。 ✏ 不僅佛教混於儒，儒家亦混於佛，除反佛派外，混佛派（李 ）、出佛派（柳宗元）。「陰釋而陽儒，唐李 始」後來理學家皆繼此傳統。	於道者。若以道為宇宙最高本體，為何老子曰：人法地，地法天，天法道，道法自然。李仲卿回答：自然即是道。慧乘：那麼人即是地，地即是天… ☯ 佛道於道之辯， 發正要 頭的儒家：韓愈「有至德要道」柳宗元「一陰一陽之謂道」。 ☯ 出佛派柳宗元建立與佛教思辯哲學對立的「元氣論」哲學，與《易、論語》合。	
	五代		✏ 三教論爭、政爭、競爭。 ✏ 三教互相學習而更成全。	天下大亂 文化大融合	
	北宋	<u>北宋四子</u> 周濂溪 張載 程頤	✏ 五代十國割據後，宋采儒、釋、道三教並用。從唐末復蘇的儒家再成主流，佛道皆與儒家綱常倫理相調和，佛教五戒即儒家五常。 ✏ 宋儒目擊佛老，入虎穴，探虎子，闖佛老之室，儀神易藐而心性之學（理學）出焉。理學家皆出入於佛道，以儒家倫理思想為中心。 ✏ 《太極圖說》受陳摶《無極圖》開理學先河 （1020-1077）一本萬殊的宇宙論：為天地立心 為生民立命 為往聖繼絕學 為萬世開太	理學（新儒學）出現：漢以後儒學的首度反省；儒、釋、道三教並用。	

		程顥	平。 ✎ 二程子→開程朱之學		
12C	南宋	南宋四家 朱熹 陸九淵 呂祖謙 陳亮 葉適	✎ 中原落入異族，靖康之恥，澶淵之盟，宋室南移，武功不盛，文官偏安，南學風格興起。 （1130-1200）程朱：格物致知「道學」絕對理：理在事先、理一分殊 → 理性主義 （1139-1192）陸王：先求知心「心學」主觀理：心外無理 → 經驗主義 ✎ 東萊學風：縱橫學覽，包容三派各家，廣結善緣。以書信促成鵝湖之會。融合集大成，歸一正宗理學，不另立宗派。易經 384 爻，一言以蔽之，曰：時。中庸的歷程，隨時而調整，沒有永恒不變的中道；人類的倫常，自有其演化的規律，如天行之健，周而復始，適時而發。 ✎ 永康學派：義利雙行、王霸並用。排斥天理的超現實性，人欲及天理之基礎或內容，天理統一於人欲。天理正從人欲中見，人欲恰到好處即天理也。天理是對人欲的調節機制。生理之欲與道德之欲的有機結合，便是恰到好處。人欲之各得，即天理之大同。義理天理的原則只有回到欲或私欲中來，才能得到合理說明，並獲得現實的意義。欲是自然，理是必然。天理儘管設計再純粹至善，但若與人的自然欲望相脫離，也會被人疏遠。失去天理的調控，也會出現不良後果（失衡；朱熹：利欲焦漆盆中）。 ✎ 永嘉（溫州）學派：經制之學。	一宗三派 ☯ 心性學派：程朱/性即理、陸王/心即理。 ☯ 事功學派：（江浙學派）注重實際、講求功利。 ☯ 宋明理學的天道與人道、本體與方法的統一，如能導致玄想與現實的統一，解決心性的先驗性與後天性、理欲的抽象化與現實化，即開創現代意義。	聖多瑪斯 1225-74 隨著奧古斯丁主義崩潰及阿拉伯世界的挑戰，而當時阿拉伯世界正賦予亞裏士多德思想新生命，於是聖多瑪斯就致力將「亞裏士多德」的思想基督化。 14C-16C 文藝復興運動
	元	耶律楚材	✎ 北方良相。	蒙古大帝國	馬可波羅
1402-1424 16C	明 晚明	明成祖 羅貫中 吳承恩 施耐庵 王陽明	✎ 永樂 19 年(1421)北京大典→鄭和三下西洋。 ✎ 三國演義：三綱五常角色戲劇化、生活化。 ✎ 西遊記：虛擬角色活化、擬人化、神格化。 ✎ 水滸傳：民間俠義文學。 （浙江餘姚 1472-1528）龍場之悟：知行合一 明心之學：致良知、心即是理、心外無理。 三度領兵平亂：破山中賊易，破心中賊難。	閉關自守 章回小說文學 地方戲曲傳播 力行哲學 存天理去人欲	1461 東羅馬帝國亡 16C 路德宗教改革

17C		黃宗羲	（浙江餘姚 1610-1695）懷疑陽明「四句教」： 無善無惡是心之體，有善有惡是心之動， 知善知惡是良知，為善去惡是格物。	蒙運動：狄百瑞教授稱明清之際儒學為「　蒙運動」	17、18C 科學革命 伽利略.哥白尼.牛頓
	明清之際	顧炎武 王夫之	（江蘇昆山 1613-1682）批判心性之學、王學 以明道、救世、經世致用為核心。 追求客觀知識的科學精神 ⇨ 通經致用 ⇨清學(考證學)開山：經學研究→訓詁考據 （湖南衡陽 1619-1692）希張橫渠之正學。 貶陸王、批程朱→歸宗橫渠(張載) 反對「以理殺人」→天理即在人欲中 有一股超乎人意志的「勢」在驅動歷史 壯志：六經責我開生面→獨握天書，以爭剝複	☯ 從個人蒙→具社會意義。 但滿清異族統治，成效不如西方 17、18C→運而不動、消聲匿迹。	蒙運動：史賓塞(荷)、洛克(英)、笛卡兒(法)、康得(德)
19C		元 方以智 楊來如	（河北博野 1635-1704）反靜坐內省.脫離實用 實踐的認識論：具體事務的實踐對獲取正確知識的重要性，純粹由書本來的知識靠不住。 肯定功利價值的經世思想→如天不廢予，將以七字富天下：墾荒、均田、興水利。 以六字強天下：人皆兵、官皆將。 以九字安天下：舉人材、正大經、興禮樂。 （安徽桐城 1611-1671）物理小識：天文、曆算、氣象、占候、醫藥、飲食、衣服、器用、草木、鳥獸…→藏虛於實：道德歸道德、知識歸知識 偏重科學技術→借西學助傳統儒學邁向現代化 ✎ 明亡時進士楊祖于山東創立「在理門」，以「多神一元論」隱於北方民間流傳，延續中國理學「道統」，至今凡 380 餘年，亦待時而動。	肯定功利價值的經世思想→借西學助傳統儒學現代化 異族統治下的中國理學「道統」延續…	1603 日本德川幕府到 1868 海權時代 1622 荷蘭占澎湖被明朝驅離 1624 荷蘭占安平 1626 西班牙占基隆 1661 鄭成功據台灣趕走荷蘭
	清 晚清	康熙 乾隆	科舉考試：著重駢體文，讀書人多為求官。 清學：初期批判及繼承理學 後期主張「經世致用」及「通經求變」。	異族統治 反清複明	1764 瓦特 工業革命

	清末	慈禧	外患：從英法聯軍（鴉片戰爭）→八國聯軍（義和團）→甲午戰爭（日本帝國主義） 內憂：湖湘儒將平「太平天國」（1850-1865）	扶清滅洋 不平等條約	
		曾國藩	（1811-1872，年 62）42 歲（1852）組「湘軍」→ 力挺、藉勢、緩智、育才。	湖湘學派： 實事求是	
		左宗棠	（1812-1885，年 74）49 歲（1860）組「楚軍」 → 強己、待勢、顯己、結才（平新疆）。	經世致用之學	1871 日本明治維新
		李鴻章	（1824-1901，年 78）38 歲（1861）組「淮軍」 → 勤學、隨師、定寶、蓄才。		
		康有為 梁　超 譚嗣同	✎ 立憲保皇、戊戌變法。 ✎ 中學為體，西學為用。 ✎ 仁學：烈士精神。	保皇派 vs.革命黨	1895 馬關割讓台灣
1911	民初	孫中山 胡適之	✎ 革命（全盤西化）三民主義、世界大同。 ✎ 倡白話文、開始西方學術。 新儒學(+西洋哲學)：馮友蘭、唐君毅、牟宗三	推翻滿清 →軍閥割據 八年抗戰	1911 科學管理運動 世界大戰
		蔡元培	✎ 五四運動→文化新思維。		
	台灣	兩蔣 李、扁	✎ 土地、經濟改革→ ✎ 民主化發展→	中華文化復興 本土化運動	二戰後 1955 電視→地球村
1949	共產	毛澤東 鄧小平 江澤民	✎ 馬克思思想 ✎ 經濟改革開放 ✎ 上海開放勢力入主北京、西部大開發 經濟體制改革、大學 211 工程	加速現代化 全面國際接軌	1995WTO 全球化
21C		胡錦濤	2003 中國首度發射載人太空梭		
		・・・	↓↓↓	↓↓↓	↓↓↓

中國的文化傳統，與西方現代思維的兩大分歧是：

(1)中國的思維是整體的，而西方卻是分割、分門別類的；

(2)中國強調要體用一源，而西方則是體用並立的。

所以中國思想通常具有一個整體的渾沌性，並不著重於將其分割。

歷史學習心得積累：

1.渾沌哲學：演化之歷程重於結果。

2.建構實在：現實主義的實用真實建構。

3.認知結構：認知論述之戰，而非真實真理之戰。

4.歷史原型：榮格理論，集體潛意識之喚發。

5.後現代性：最傳統價值的最現代呈現方法。

6.破框創造：解構再出發的行動力。

7.服務營銷：由小而大、由近而遠的口碑傳播組織戰。

8.經驗主義：洛克的體驗式溝通，知識傳播。

9.演化戰略：多元變異，不著相，且戰且走，階段發展論。

10 實力原則：英國洛克傳統，實力積累不急不徐前進，讓時間站在我們這邊。

11.終極目標：為天地立心 為生民立命 為往聖繼絕學 為萬世開太平（張載）。

21 世紀中國理學發展：

1.核心建構：

「學術脈絡、道脈傳承、思想體系、論述方法」。師承 羊祖來如，且溯及易經、孔、老之道統道脈，並結合神仙方術；以儒學入世精神為中心，包容各家、採取精華，且與之區隔（天理、人欲相容），以一宗容三派（山東呂東萊學風）、五教（加耶、伊）之「陽儒陰術」之儀；設計出簡單、可操作、實用性、符合需求、合時適宜、且更具競爭力之現代發展模式。

2.發展策略：

（符合民主時代）跳脫統治思維、安定民心需求、發展宗教經濟。

3.兩相一心：

由動（健康）、靜（智慧）兩相入法門，但求得一心：安樂，心安理且自得。

附錄三：半結構式專家訪談大綱與訪談排序給分表-1

台灣服務業關鍵成功因素分析　第一階段　半結構式專家訪談大綱

第一單元：未提示選項

1.請問您，貴公司在這個產業之所以能夠成功的競爭優勢為何？
2.依你目前的經驗，您個人認為服務業成功的關鍵因素有那些？
3.現在，請您根據以上每個因素的重要性排序！
4.再請您為這些因素分別打分數,將總分 10 分分配給這幾個因素！
5.請針對一到三個關鍵中的關鍵因素各舉一個具體例子來說明！

第二單元：提示選項（文獻所歸納出之成功因素）

1.本研究根據文獻對於服務業關鍵成功因素的分析，顯示普遍的成功因素有以下六點：市場顧客、產品價值、人才團隊、制度管理、品牌形象、研發創新；請您根據每個因素的重要程度先排序，而後分別就 1~10 分打分數！
2.請針對以上一到三個關鍵中的關鍵因素各舉一個具體例子來說明！

第三單元：提示選項（本研究所提出之成功因素）

1.請問您認為服務業的領導者之重要性應該得幾分？原因為何？
2.請問就您的經驗來看服務業的成功與天時（掌握正確的事業時機）、地利（在事業區域具有優勢）的掌握是否有關？其重要性應該得幾分？原因為何？
3.請問您認為服務業的經營成功與「財力支撐」是否有關？其重要性應該得幾分？

4.請問您認為服務業的經營成功與「瞭解競爭對手」是否有關？其重要性應該得幾分？

第四單元：開放式討論

1.是否還有什麼成功的關鍵因素是我們沒有想到，您想要補充的？

附錄三：半結構式專家訪談大綱與訪談排序給分表-2（第一階段）

一、請依您所認為關鍵因素排序給分：　　　編號：＿＿＿＿＿＿

成功因素	排序	給分
合計		10 分

二、下列服務業關鍵成功因素，請依重要程度評分：

成功因素	排序	1～10 分	成功因素	排序	1～10 分
市場顧客			制度管理		
產品價值			品牌形象		
人才團隊			研發創新		

三、下列服務業關鍵成功因素，請依重要程度評分：

成功因素	1～10 分	成功因素	1～10 分
領導者		瞭解競爭對手	
天時			
地利			
財力支撐			

附錄三：半結構式專家訪談大綱與訪談排序給分表-3（第二階段）

一、請依您所認為關鍵因素排序給分：　　編號：＿＿＿＿＿＿

成功因素	排序	給分
合計		10 分

二、下列服務業關鍵成功因素，請依重要程度評分：

成功因素	排序	1～10 分	成功因素	排序	1～10 分
領導者			制度管理		
市場商機			一線人員		
產品價值			研發創新		
人才團隊			財力支撐		
顧客滿意			瞭解競爭對手		
行銷策略					

三、請協助我們為探討以上服務業關鍵成功因素之間的關係，以建立一個模型結構：

附錄四：研究問卷

敬啟者，您好：

謝謝您在百忙之中協助此項調查研究，這是一份探討服務業成功關鍵因素之專家問卷。您的協助對於本研究的進行相當重要與珍貴。本問卷採無記名方式進行，除了研究人員外，沒有任何人可以看到您的答案，問卷結果僅供學術上參考，請您放心填答。在此誠摯向您的支援與協助表達感謝之意。

敬祝

身體健康　　　　萬事如意

南亞技術學院 企業管理學系 服務業與連鎖事業經營研究室

主持人：黃鴻程　敬上

第一部份　個人基本資料

1.性別：□①男□②女

2.出生年：民國______年

3.經歷：

在本公司的年資：_______年

在其他服務業相關年資為：_______年

第二部份　服務業關鍵成功因素

	非常不同意	不同意	不太同意	有點同意	同意	非常同意
A1 本公司領導者能夠不斷勾勒組織成功的願景	1	2	3	4	5	6
A2 本公司領導者能夠創造共用的企業文化	1	2	3	4	5	6
A3 本公司領導者能促使員工對企業具有向心力	1	2	3	4	5	6
A4 本公司領導者對人才團隊之重視與禮遇	1	2	3	4	5	6
A5 本公司領導者能鼓勵員工建言與建言之採納	1	2	3	4	5	6
A6 本公司領導者賞罰分明、紀律嚴謹	1	2	3	4	5	6
A7 本公司領導者能確切掌握市場顧客之需求	1	2	3	4	5	6
A8 本公司領導者能快速因應市場行銷手法之改變	1	2	3	4	5	6
A9 本公司領導者能掌握競爭對手之狀態	1	2	3	4	5	6
B1 本公司能精確的掌握市場顧客之需要	1	2	3	4	5	6
B2 本公司推出之服務產品正好符合市場顧客之需要	1	2	3	4	5	6
B3 本公司推出之服務產品時機剛好正確	1	2	3	4	5	6
B4 本公司能夠隨時掌握顧客需求之改變	1	2	3	4	5	6
B5 本公司能夠即時因應市場顧客需要改進服務產品	1	2	3	4	5	6
B6 本公司能夠即時因應市場顧客需要推出新的服務產品	1	2	3	4	5	6
B7 本公司能隨時掌握競爭對手之最新狀況	1	2	3	4	5	6
B8 本公司不斷推出領先競爭對手之服務產品	1	2	3	4	5	6
B9 本公司能夠快速回應競爭者之策略活動	1	2	3	4	5	6
C1 本公司核心幹部具有相當水準的專業能力	1	2	3	4	5	6
C2 本公司內部高階管理人員協調合作氣氛佳	1	2	3	4	5	6
C3 本公司核心幹部之流動率低	1	2	3	4	5	6
C4 本公司的績效評估與賞罰，有明確的規定	1	2	3	4	5	6
C5 本公司的員工生產力高（營業額／員工數：營業額除以員工數）	1	2	3	4	5	6
C6 本公司的教育訓練課程，都能配合員工工作上的需求	1	2	3	4	5	6
C7 本公司員工滿意度高	1	2	3	4	5	6
C8 本公司員工抱怨率低	1	2	3	4	5	6
C9 本公司員工流動率低（離職員工數／員工總數）	1	2	3	4	5	6
C10 本公司一線人員之服務熱忱高	1	2	3	4	5	6
C11 本公司對於一線人員的工作與任務都能充分授權，使其	1	2	3	4	5	6

	有發揮空間						
C12	本公司一線人員必須深入瞭解服務的產品	1	2	3	4	5	6
D1	本公司針對每個客戶不同的喜好與需求，都有建立資料記錄可供查詢	1	2	3	4	5	6
D2	本公司對於潛在市場的開發能力高	1	2	3	4	5	6
D3	本公司對市場需求變化，有定期的研討因應方式與計畫	1	2	3	4	5	6
D4	本公司能充分掌握產品在市場上發展的趨勢	1	2	3	4	5	6
D5	本公司能運用靈活的促銷策略創下佳績	1	2	3	4	5	6
D6	本公司訂價策略的制定是獲得重複訂單的重要因素	1	2	3	4	5	6
D7	本公司重視業務人員之培訓	1	2	3	4	5	6
D8	本公司重視業務人員之銷售能力	1	2	3	4	5	6
D9	本公司有合理的業務績效獎金制度	1	2	3	4	5	6
E1	本公司的服務產品能提供實用功能	1	2	3	4	5	6
E2	顧客對本公司的產品有其必要之需求性	1	2	3	4	5	6
E3	顧客認同本公司產品之品牌	1	2	3	4	5	6
E4	顧客認同本公司之整體形象	1	2	3	4	5	6
E5	顧客使用本公司之產品時會考慮其社會價值	1	2	3	4	5	6
E6	本公司能提供穩定的整體服務品質	1	2	3	4	5	6
E7	本公司不會因為不同的顧客所提供的服務有所差異	1	2	3	4	5	6
E8	本公司不會因為不同的服務人員所提供的服務有所差異	1	2	3	4	5	6
E9	本公司不斷進行服務產品的研發創新	1	2	3	4	5	6
E10	本公司不斷改善及推出新的服務產品	1	2	3	4	5	6
F1	本公司的客戶對整體的服務表現很滿意	1	2	3	4	5	6
F2	本公司顧客的忠誠度高	1	2	3	4	5	6
F3	本公司的顧客中，老顧客佔大多數	1	2	3	4	5	6
F4	本公司新顧客來源由舊顧客的推薦佔多數	1	2	3	4	5	6
F5	本公司的顧客抱怨率低	1	2	3	4	5	6
F6	本公司的顧客流失率低	1	2	3	4	5	6
G1	本公司具有良好的「獲利能力」	1	2	3	4	5	6
G2	本公司於該產業的「市場佔有率」佳	1	2	3	4	5	6
G3	本公司具有快速之「成長力」	1	2	3	4	5	6
G4	本公司對於該服務產業之開創與提昇有所幫助	1	2	3	4	5	6
G5	社會上普遍認同本公司之存在與經營理念	1	2	3	4	5	6

第三部份　公司基本資料

請您依公司狀況回答下列問題（請單選）。

1.產業類別：

□①以消費者為對象的服務業　□②以企業組織為對象的服務業
□③資訊服務業　□④公共服務業

2.請問貴公司設立至今共多少年？

□①2 年（含）以下　□②3~5 年　□③6~9 年
□④10~15 年　□⑤16 年（含）以上

3.請問貴公司的資本額？（新台幣）

□①500 萬（含）以下　□②501~2000 萬元　□③2001~8000 萬元
□④8001 萬~1 億 5000 萬元　□⑤1 億 5000 萬元以上

4.請問貴公司前一年之營業額為？

□①1000 萬（含）以下　□②1001~5000 萬元　□③5001~1 億(含)元
□④1 億~1 億 5000 萬(含)元　□⑤1 億 5000 萬元以上

5.請問貴公司過去 3 年經營績效如何？

□①獲利良好　□②小賺為盈　□③恰好平衡
□④稍有虧損　□⑤虧損連連

6.請問貴公司未來展望如何？

□①前景大好　□②普通尚可　□③尚未明朗
□④不太樂觀　□⑤前景堪憂

～本問卷到此結束，謝謝您！～

國家圖書館出版品預行編目

服務業關鍵成功因素：實踐取像的實證研究 /
黃鴻程著. -- 一版.
臺北市：秀威資訊科技, 2006[民 95]
面； 公分. -- 參考書目：面
ISBN 978-986-7080-41-7(平裝)
1. 服務業 - 研究方法

489.1031 95006827

社會科學類 AF0042

服務業關鍵成功因素——實踐取向的台灣服務業

作　　者 / 黃鴻程
發 行 人 / 宋政坤
執行編輯 / 林秉慧
圖文排版 / 沈裕閔
封面設計 / 羅季芬
數位轉譯 / 徐真玉　沈裕閔
銷售發行 / 林怡君
網路服務 / 徐國晉
出版印製 / 秀威資訊科技股份有限公司
台北市內湖區瑞光路 583 巷 25 號 1 樓
電話：02-2657-9211　傳真：02-2657-9106
E-mail：service@showwe.com.tw
經 銷 商 / 紅螞蟻圖書有限公司
台北市內湖區舊宗路二段 121 巷 28、32 號 4 樓
電話：02-2795-3656　傳真：02-2795-4100
http://www.e-redant.com

2006 年 7 月 BOD 再刷
定價：240 元

讀　者　回　函　卡

感謝您購買本書，為提升服務品質，煩請填寫以下問卷，收到您的寶貴意見後，我們會仔細收藏記錄並回贈紀念品，謝謝！

1.您購買的書名：______________________

2.您從何得知本書的消息？

☐網路書店　☐部落格　☐資料庫搜尋　☐書訊　☐電子報　☐書店

☐平面媒體　☐ 朋友推薦　☐網站推薦　☐其他__________

3.您對本書的評價：(請填代號　1.非常滿意 2.滿意 3.尚可 4.再改進)

封面設計____　版面編排____　內容____　文/譯筆____　價格____

4.讀完書後您覺得：

☐很有收獲　☐有收獲　☐收獲不多　☐沒收獲

5.您會推薦本書給朋友嗎？

☐會　☐不會，為什麼？______________________________

6.其他寶貴的意見：__________________________________

____

____

____

讀者基本資料

姓名：________________　年齡：_____　性別：☐女　☐男

聯絡電話：____________　E-mail：________________

地址：____

學歷：☐高中(含)以下　☐高中　☐專科學校　☐大學

☐研究所(含)以上　☐其他____________

職業：☐製造業　☐金融業　☐資訊業　☐軍警　☐傳播業　☐自由業

☐服務業　☐公務員　☐教職　☐學生　☐其他__________

請 貼
郵 票

To：114

台北市內湖區瑞光路 583 巷 25 號 1 樓

秀威資訊科技股份有限公司　　收

寄件人姓名：

寄件人地址：□□□

(請沿線對摺寄回,謝謝!)